Rolf-Günter Geier, Andreas Kirchmann, Günther Tiedt

METALLBAU

Lernfelder 5-8
Arbeitsaufträge

- Herstellen von Blechbauteilen
- Herstellen von Konstruktionen aus Profilen
- Herstellen von Umformteilen
- Demontieren und Montieren von Baugruppen in der Werkstatt

Unter Mitarbeit der Verlagsredaktion.

westermann

Bildquellenverzeichnis

Verlag und Autoren danken den nachstehend aufgeführten Firmen für ihre Hilfe bei der Bereitstellung von Bild- und Informationsmaterial sowie für ihre Beratung:

Schüco International KG, Bielefeld: Lernfeld 8 (als Vorlage);

Stahlbau Lamparter, Kassel: Lernfeld 6 (als Vorlage)

1. Auflage, 2012
Druck 1, Herstellungsjahr 2012

Redaktion:	Ralf Grimpe
Satz und Lay-out:	Sabine Fehmer, Grafik & Layout, Destedt
Umschlaggestaltung:	boje 5 Grafik & Werbung, Braunschweig
Illustrationen:	Sperling Info Design GmbH, Gehrden
Druck und Bindung:	westermann druck GmbH, Braunschweig

ISBN 978-3-14-**231263**-3

Inhaltsverzeichnis / table of contents

Lernfeld 7 HERSTELLEN VON UMFORMTEILEN — PRODUCING OF FORMING CONSTRUCTIONS

FENSTERGITTER — WINDOW GATE

Gesamtauftrag	**Total job order**
7.1 Fertigen des Rahmens mit den Befestigungswinkeln	7.1 Producing of the frame with fastening angles
7.2 Fertigen und Einbau der Stäbe in den Rahmen	7.2 Producing and assembling of the bars into the frame
7.3 Montieren der Zierschnecken und Endkontrolle	7.3 assembling of the ornamental volutes and final control
7.4 Montage der Leiter an der Wand	7.4 Mounting of the ladder on the wall
7.5 Gittervarianten	7.5 Grate variants

Lernfeld 8 DEMONTIEREN UND MONTIEREN VON BAUGRUPPEN IN DER WERKSTATT — DISASSEMBLING AND ASSEMBLING OF CONSTRUCTION GROUPS IN THE WORKSHOP

BALKON — BALCONY

Gesamtauftrag	**Total job order**
8.1 Auswerten der technischen Unterlagen	8.1 Interpretation of the technical documents
8.2 Demontieren des Balkons vom Gebäude	8.2 Demounting the balcony off the building
8.3 Beschaffen notwendiger Neuteile	8.3 Purchasing of required components
8.4 Vormontieren des Balkons in der Werkstatt und Montieren am Gebäude	8.4 Pre-assembling of the balcony in the workshop and mounting at the building

SCHRAUBENBOX 5

Verwendung

In der Schraubenbox können Schrauben, Unterlegscheiben und weitere Kleinteile gelagert werden. Als Abdeckung der Schraubenbox dient ein Deckel mit Griffloch. Das Anbringen von auswechselbaren Beschriftungen ist durch den Schildhalter von vorne möglich. Die Boxen können mithilfe der Halterung nebeneinander aufgehängt werden. Die Befestigungsschiene ist mittels Distanzhülsen in 5 mm Abstand zur Wand angebracht.

Gesamtauftrag

Von den Schraubenboxen sind 100 Stück herzustellen. Die Schildhalter werden fertig gekauft und an die Boxen genietet.

Boxen und Deckel sind durch Trennen und Umformen zu fertigen – es soll weder gelötet noch geschweißt werden.

Arbeitsaufträge

5.1 Analyse des Auftrags

5.2 Festlegen der Fertigungsmaße

5.3 Herstellen der Schraubenboxen

5.4 Berechnen des Angebotspreises

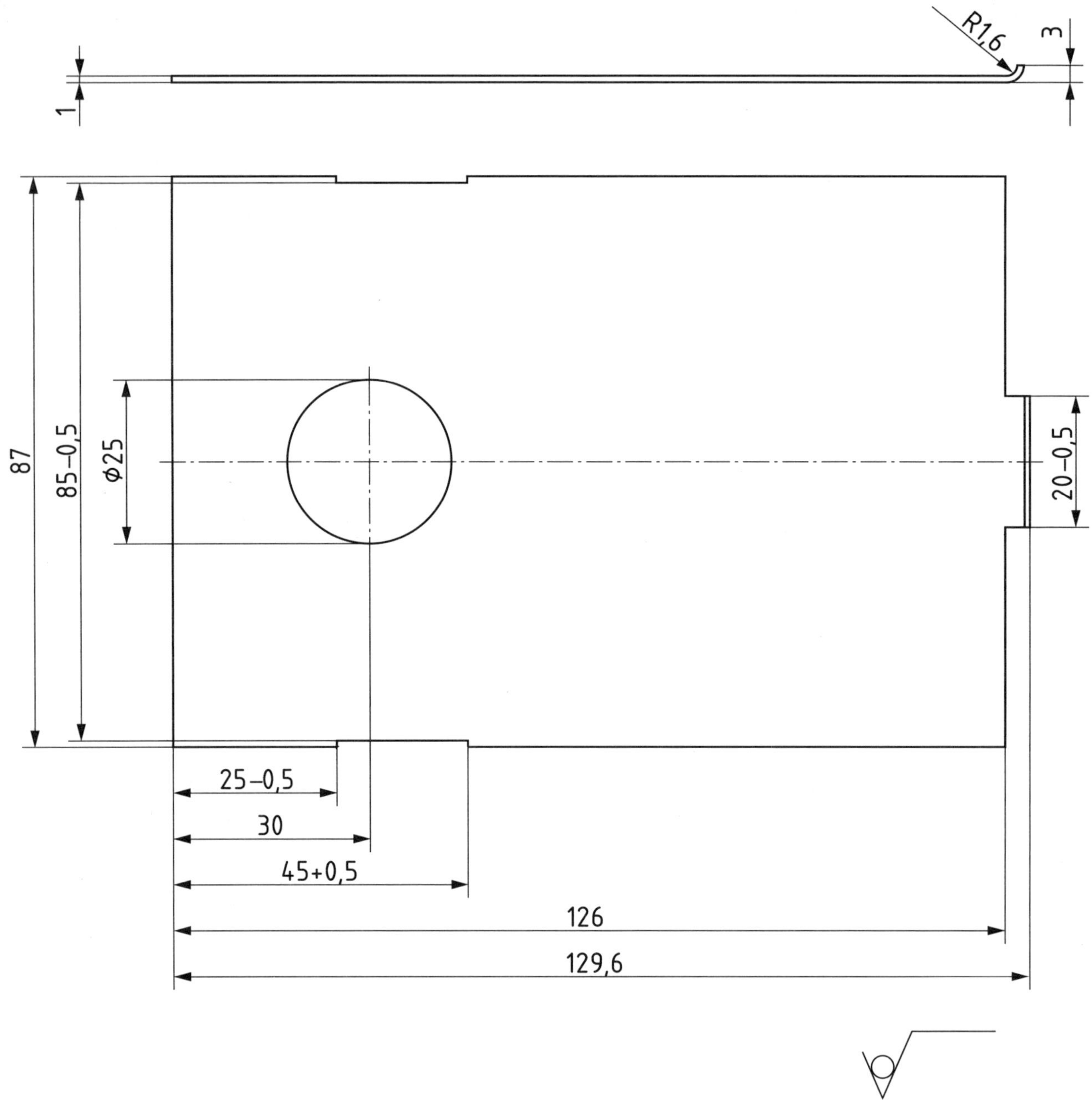

ISO 2768-m	ISO 1302
Maßstab	
Blech EN 10131 - 1 x 140 x 90 Stahl EN 10130 - DC03-A-m	

	Datum	Name
Bearb.		
Gepr.		
Norm		

Deckel

Blatt

Bl.

westermann

Zust.	Änderung	Datum	Name	Urspr.	Ers. für:	Ers. durch:

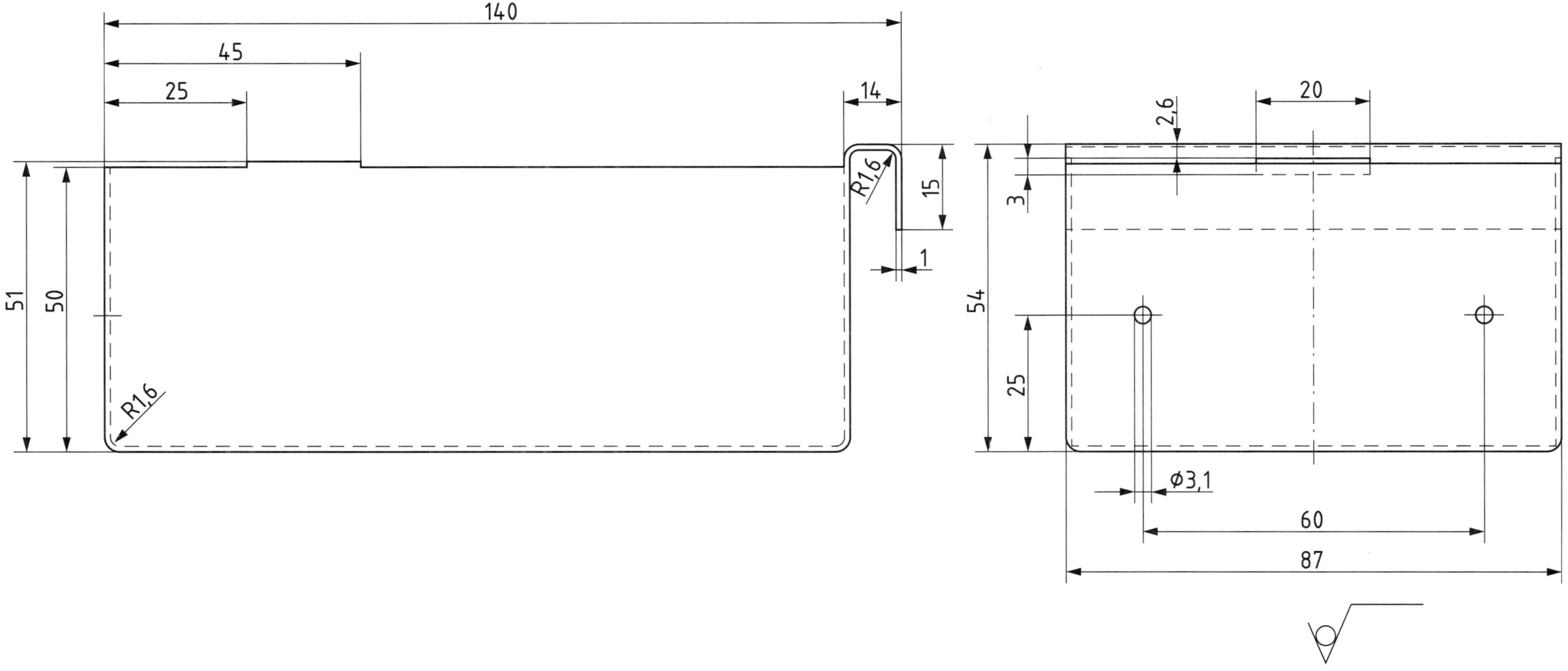

ISO 2768-m	ISO 1302	Maßstab	
		Blech EN 10131 – 1 x 260 x 190 Stahl EN 10130 – DC03-A-m	
	Datum	Name	Schraubenbox
Bearb.	08.08.2011	Kirchmann	
Gepr.			
Norm			
westermann			Blatt
			Bl.

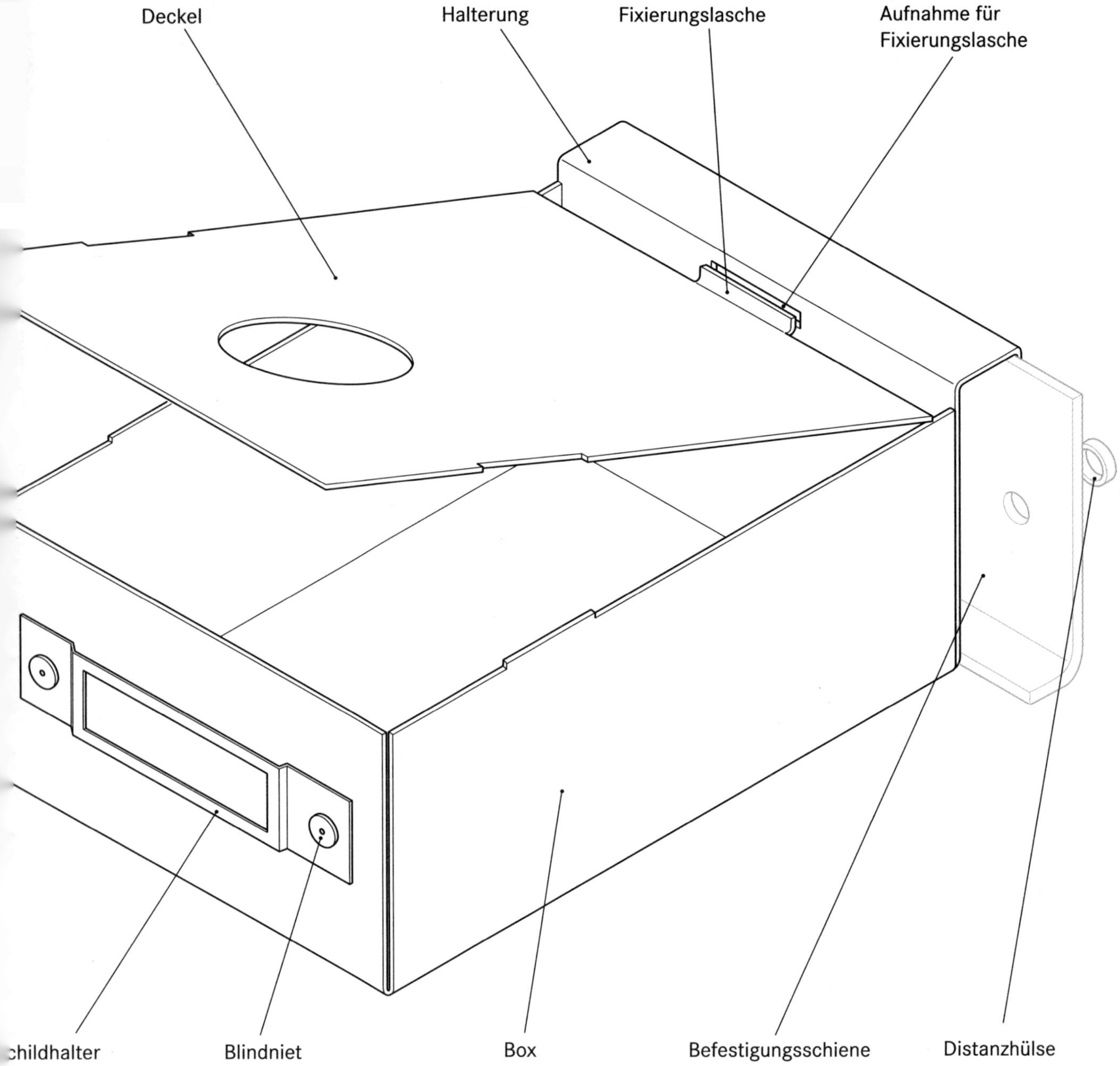
Deckel
Halterung
Fixierungslasche
Aufnahme für Fixierungslasche
childhalter
Blindniet
Box
Befestigungsschiene
Distanzhülse

1. Um einen optimalen Auftragsablauf im Unternehmen sicherzustellen, müssen alle Schritte, die zur Herstellung der Schraubenboxen notwendig sind, in die richtige Reihenfolge gebracht werden.

   Ergänzen Sie das MindMap mit den Lösungsworten.

   Lösungsworte:
   Zuschnittmaße der Abwicklung, Ablaufplanung, Herstellverfahren, Gewicht, Fertigungslohnkosten, Werkstoffkosten, Qualitätssicherung, Vergleich und Auswahl der Trennverfahren, optimale Blechbelegung, Auswahl, Biegewerkzeuge, Einstellmöglichkeiten, Festlegen der Biegelinien, Bohren der Grifflöcher, Biegereihenfolge, Aussehen

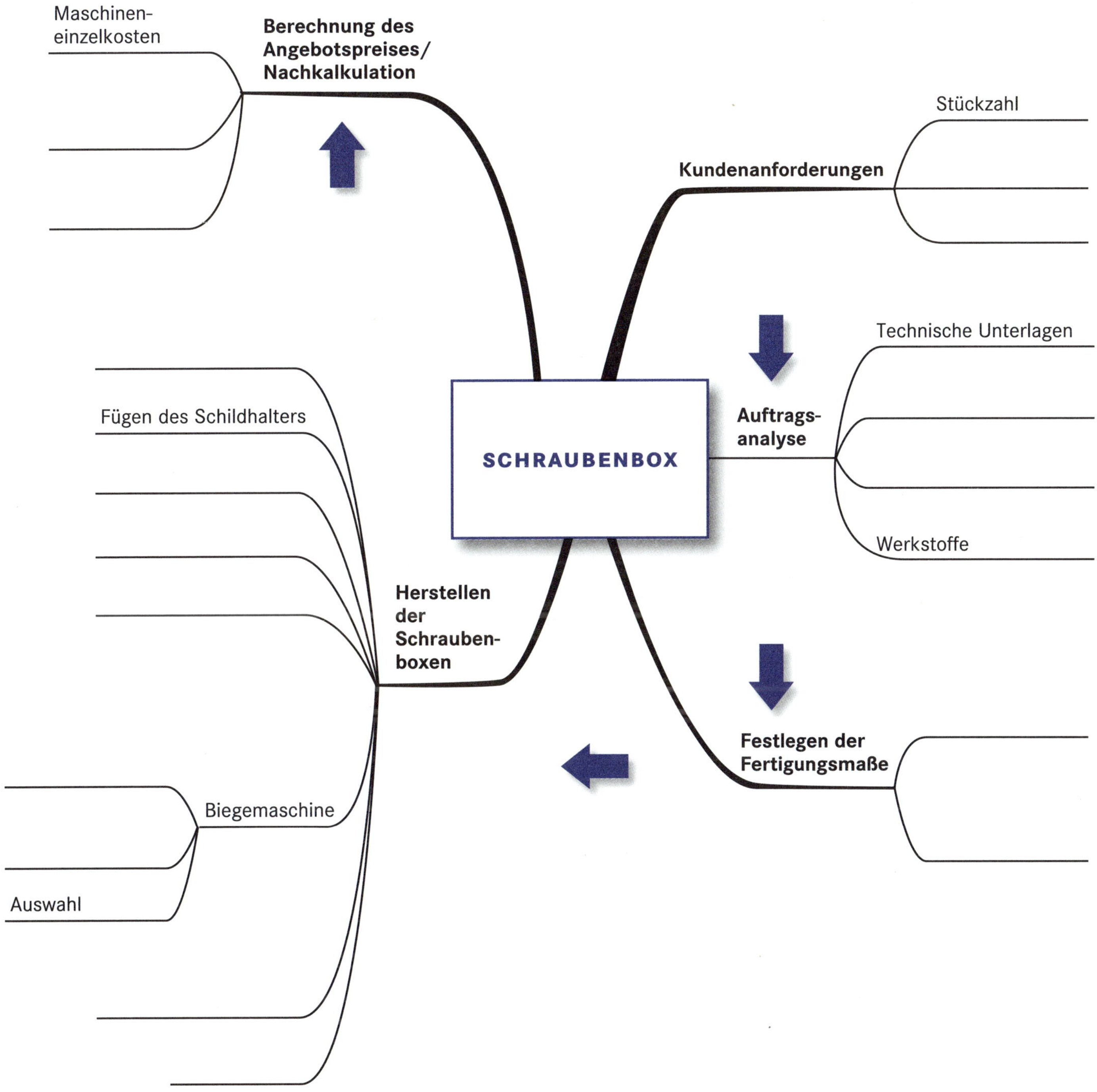

Name	Klasse	Datum

2. Vor der Bearbeitung werden die technischen Unterlagen analysiert. Die vorliegenden Zeichnungen bilden eine zentrale Informationsquelle für den weiteren Herstellungsprozess.

   a) Aus welchem Werkstoff sind die Schraubenboxen zu fertigen?

   b) Um welchen Werkstoff handelt es sich hierbei?

   c) Erläutern Sie die Werkstoffbezeichnung.

3. Welche Bedeutung hat das Symbol  in den Zeichnungen?

4. Die Schraubenboxen werden durch Kaltumformen hergestellt.

   a) Nennen Sie Kriterien, von denen der kleinste zulässige Biegeradius abhängt.

   b) Wie groß ist der kleinste zulässige Biegeradius für die Schraubenboxen?

Name	Klasse	Datum

Festlegen der Fertigungsmaße

1. Die Blechabwicklung der Schraubenbox wird aus einer Blechtafel ausgeschnitten. Ermitteln Sie dazu die Hauptabmessungen der abgewickelten Schraubenbox.

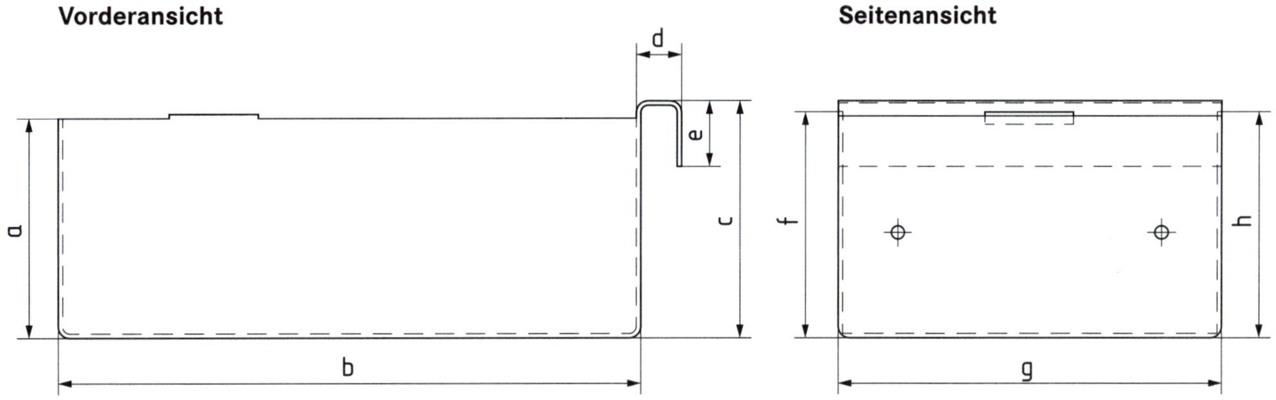

Vorderansicht

Seitenansicht

Name Klasse Datum

2. Fertigen Sie eine Zeichnung für die Blechabwicklung der Schraubenbox mit allen Maßen im Maßstab 1 : 2 an.

ISO 2768-m

ISO 1302

Maßstab 1 : 2

Blech EN 10131 - 1 x 260 x 190
Stahl EN 10130 - DC03-A-m

Abwicklung Schraubenbox

	Datum	Name
Bearb.	10.08.2011	Kirchmann
Gepr.		
Norm		

westermann

Blatt

Bl.

Zust.	Änderung	Datum	Name	Urspr.	Ers. für:	Ers. durch:

Name Klasse Datum

2. Sie benutzen zum Biegen der Bleche eine Schwenkbiegemaschine.

a) Ordnen Sie die Fachausdrücke *Oberwange (höhenverstellbar)*, *Tiefenanschlag (verstellbar)*, *Unterwange*, *Winkelschiene*, *Blech*, *Biegewange (schwenkbar)* und *Biegeschiene (auswechselbar)* der Skizze richtig zu.

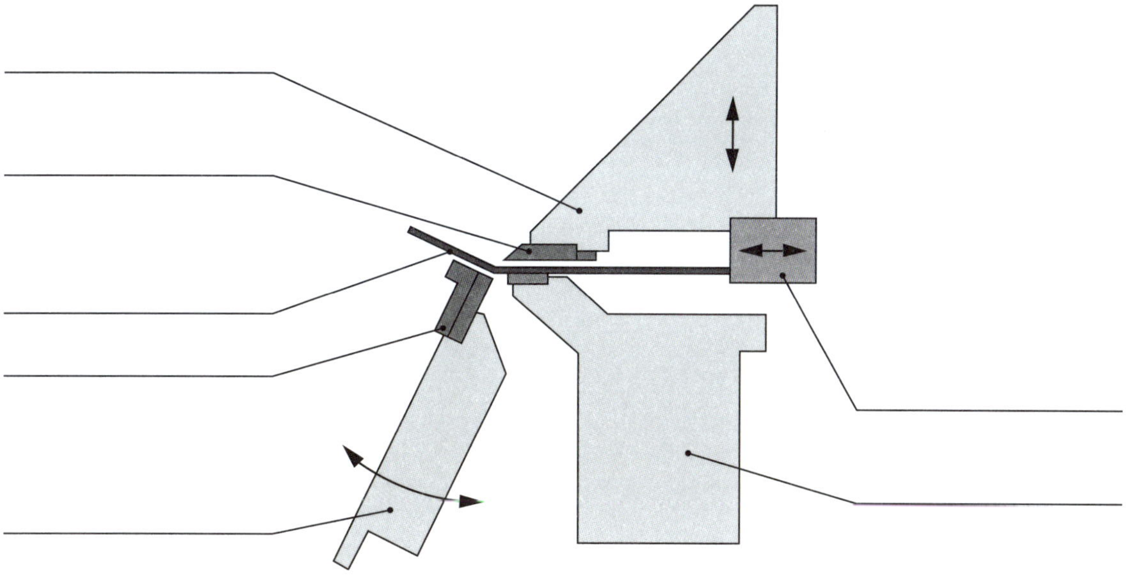

b) Beschreiben Sie das Schwenkbiegen.

c) Wählen Sie aus den dargestellten Biegewerkzeugen ein geeignetes aus und begründen Sie Ihre Antwort.

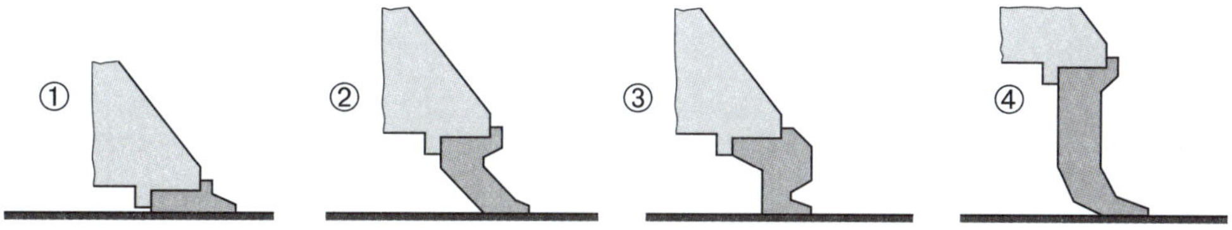

Name Klasse Datum

Herstellen der Schraubenboxen

1. Das Trennen der Bleche soll ohne Nacharbeit erfolgen.

   a) Nennen Sie Vor- und Nachteile der Trennverfahren und vergleichen Sie.

Trennverfahren	**Vorteile**	**Nachteile**
Trennen mit Tafelscheren		
Laserstrahl-schneidverfahren		
Wasserstrahl-schneidverfahren		

   b) Entscheiden Sie, welche Verfahren für die Herstellung der Boxen geeignet sind.
   Begründen Sie Ihre Entscheidungen und tragen Sie Ihr Gesamtergebnis der Klasse vor.

Name	Klasse	Datum

Name	Klasse	Datum

3. Es sind 100 Stück Schraubenboxen herzustellen. Ermitteln Sie die Anzahl der Blechtafeln. Bestimmen Sie den Blechbedarf nur für die Boxen ohne Deckel. Dabei ist die Blechbelegung parallel zu den Kanten der Blechtafeln auszuführen. Belegen Sie die Blechtafeln ohne Zwischenraum.
Gehen Sie von Blech EN 10130 1 x 1000 x 2000 aus.
Suchen Sie nach möglichst günstigen Blechbelegungsvarianten und ermitteln Sie die Anzahl der Blechtafeln.

Variante 1:

Variante 2:

4. Sie haben eine Blechbelegung festgelegt, dabei verlaufen die Boxenkanten parallel zu den Außenkanten der Blechtafeln. Ist das im Hinblick auf die kleinsten zulässigen Biegeradien für den Werkstoff die ideale Lösung? Gibt es aus werkstofftechnischer Sicht eine bessere Blechbelegungsvariante? Wägen Sie ab.

Name	Klasse	Datum

3. Bestimmen Sie den Winkel, auf den der Anschlag der Schwenkbiegemaschine einzustellen ist. Für DC03 gelten dieselben Rückfederungsfaktoren wie für S235JR. Entnehmen Sie fehlende Werte Ihrem Tabellenbuch.

4. Berechnen Sie die Lage aller Biegelinien.

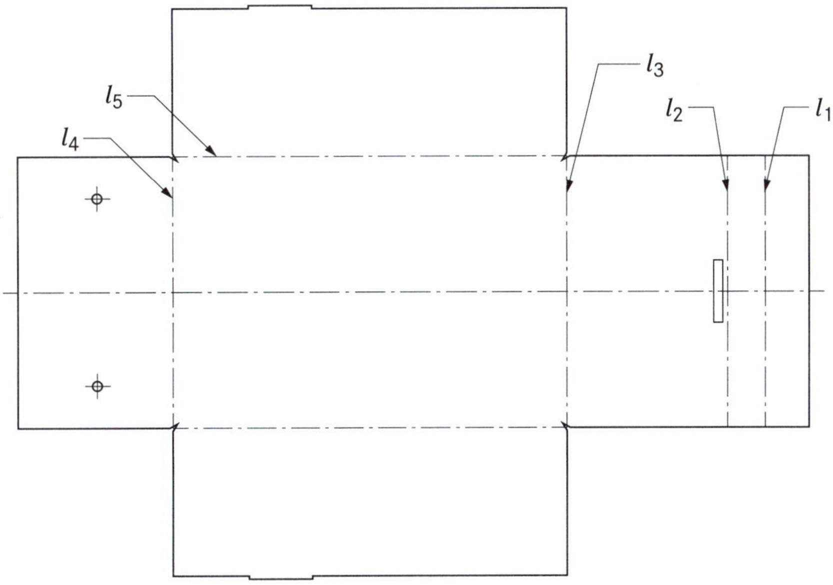

Name	Klasse	Datum

5. Fertigen Sie eine Skizze an und tragen Sie die Maße für die Biegelinien ein.
   Notieren Sie immer das kürzeste Maß von der jeweiligen Biegelinie bis zur dazugehörigen parallelen Außenkante des Blechzuschnitts.

Name	Klasse	Datum

6. Beim Herstellen der Schraubenbox ist die Biegefolge wichtig.

   a) Zeichnen Sie im Maßstab 1 : 1 die Blechabwicklung der Schraubenbox auf ein separates DIN A4 Blatt und schneiden es aus.

   b) Entscheiden Sie, welche Biegelinien auf welcher Seite angerissen werden müssen. Notieren Sie die fortlaufenden Nummern in der Reihenfolge, in der Sie das Blech kanten.

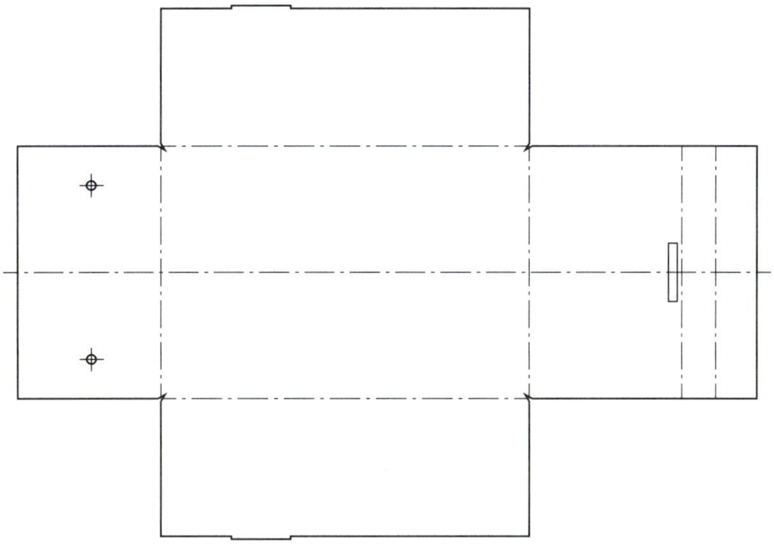

7. Ein Auszubildender, mit dem Sie die Schraubenboxen herstellen, gibt Ihnen seine Anreißnadel aus Stahl und bittet Sie, alle Biegelinien anzureißen. Ist das in Ordnung? Begründen Sie die Antwort.

8. Die Schildhalter sind Kaufteile und sollen mithilfe von Blindnieten an den Schraubenboxen befestigt werden.

   a) Bestimmen Sie die Klemmlänge *s* der Nietverbindung.

   b) Wählen Sie einen geeigneten Blindniet mit einer Niethülse aus Aluminium aus und notieren Sie die normgerechte Bezeichnung.

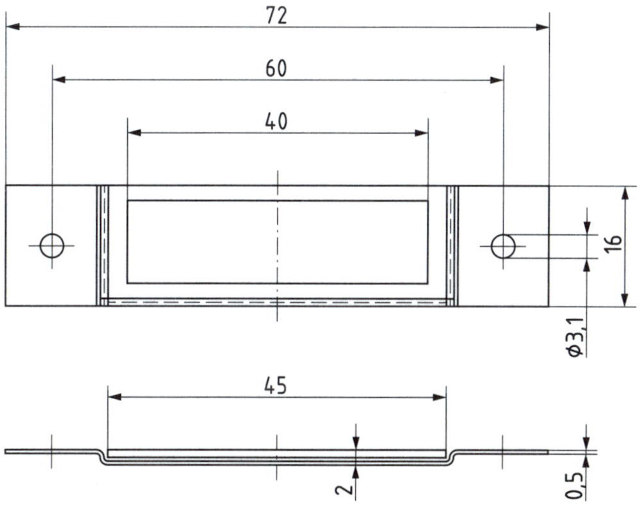

Name	Klasse	Datum

9. Alternativ können die Grifflöcher im Deckel durch Bohren und die Aussparungen durch manuelles Bearbeiten hergestellt werden. Stellen Sie jeweils einen Arbeitsplan für das Fertigen des Grifflochs und der Aussparungen in den Deckel auf.

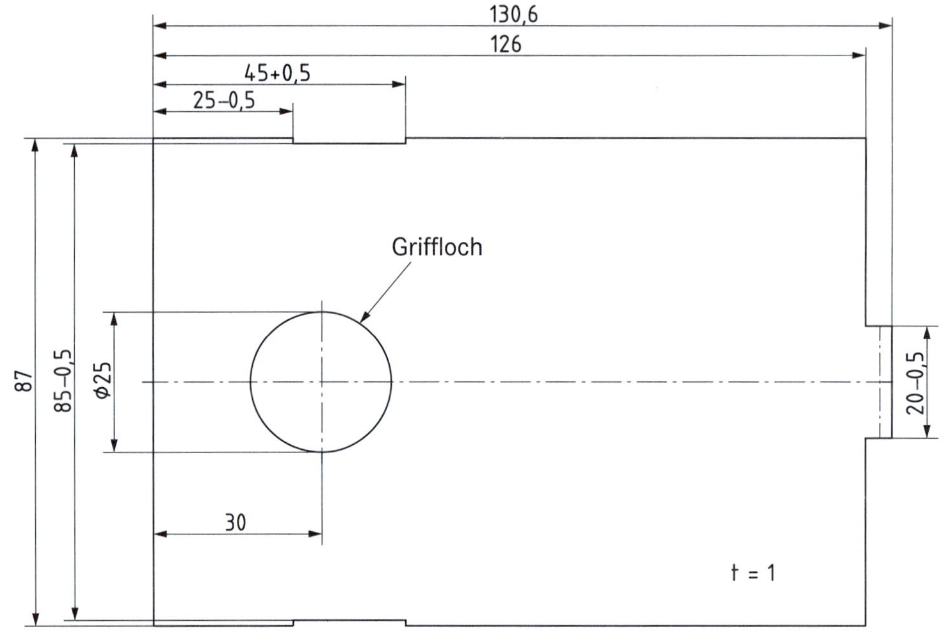

Arbeitsplan Einbringen des Handlochs		
Lfd. Nr.	Arbeitsvorgang	Arbeitsmittel
1		
2		
3		
4		
5		
6		

Arbeitsplan Einbringen der Aussparungen		
Lfd. Nr.	Arbeitsvorgang	Arbeitsmittel
1		
2		
3		
4		

Name	Klasse	Datum

10. a) Welche Allgemeintoleranzen sind für die Fertigung der Schraubenboxen relevant?

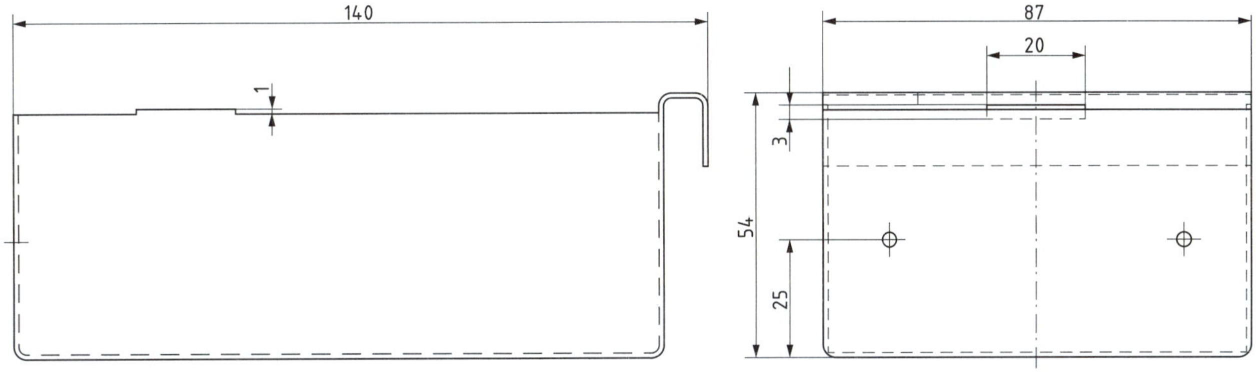

b) Ergänzen Sie die Tabelle.

Benennung	**Nennmaße in mm**	**Abmaße in mm**	**Höchstmaß in mm**	**Mindestmaß in mm**	**Toleranz in mm**
Fixierungslaschen	1				
Höhe Aufnahme für Fixierungslasche	3				
Breite Aufnahme für Fixierungslasche	20				
Nietloch	25				
Gesamthöhe	54				
Gesamtbreite	87				
Gesamtlänge	140				

Name	Klasse	Datum

Das Trennen der Bleche erfolgt mit einer CNC-Laserstrahlschneidanlage. Für die Angebotskalkulation sind insgesamt 4 Blechtafeln 1000 x 2000 mm für die Boxen mit Deckeln zu berücksichtigen.

Ein kg Blech ist mit 2,–€ anzusetzen.

Werkstoffgemeinkostenzuschlag:	8 %
Interner Stundensatz Geselle:	25,–€/h
Anzahl der Gesellenstunden:	6 h
Interner Stundensatz CNC-Programmierer:	40,–€/h
Anzahl der Programmierungsstunden:	0,5 h
Maschineneinzelkosten Schwenkbiegemaschine:	40,–€/h
Maschineneinzelkosten CNC-Laserschneidanlage:	100,–€/h
Verwaltungs- und Vertriebskostenzuschlag:	28 %
Risiko- und Gewinnzuschlag:	10 %
Verhandlungsmarge:	10 %

Tipps für die Angebotskalulation:

Ein Metallbauunternehmen bestellt Profile, Rohre und Bleche beim Stahlhändler, von dem es eine Rechnung bekommt - das sind die sogenannten Werkstoffeinzelkosten. In den **Werkstoffkosten** sind auch die Werkstoffgemeinkosten enthalten. Diese berücksichtigen die Kosten für das Materialhandling für die Materialprüfung, das Ein- und Auslagern und die Bereitstellung.
Die **Werkstoffkosten** sind also höher als die **Werkstoffeinzelkosten** (Rechnungsbetrag des Stahlhändlers).

Aus der Summe der Werkstoffkosten und Fertigungskosten berechnen sich die **Herstellkosten**. Die Fertigungskosten setzen sich aus den Fertigungslohnkosten, Fertigungsgemeinkosten und Maschineneinzelkosten zusammen. Die **Herstellkosten** werden mit dem Gemeinkostenzuschlag für Verwaltung und Vertrieb, der in jedem Unternehmen anders ist, beaufschlagt und ergeben die Selbstkosten. In dem Gemeinkostenzuschlag sind z. B. Telefongebühren, die Sekretärin, das Toilettenpapier, die Heizung etc. enthalten.

Die **Selbstkosten** enthalten alle Kosten mit Ausnahme eines besonderen auftragsspezifischen Risikos (ein solcher Auftrag wurde noch nie durchgeführt, es kommen exotische Materialien zum Einsatz oder der Kunde sitzt im Ausland). Auch der kalkulatorische Gewinn des Chefs bzw. Firmeneigentümers ist in den Selbstkosten noch nicht enthalten.

Aus diesem Grund werden die Selbstkosten mit einem Zuschlagsfaktor für Risiko und Gewinn beaufschlagt - kein Unternehmer nimmt in der Regel einen Auftrag an, an dem er nichts verdient!

So ergibt sich der **Nettoverkaufspreis**, mit dem der Unternehmer sein Auskommen hätte.

Unternehmer wissen, dass viele Kunden im Normalfall noch verhandeln und einen Nachlass erwarten.

Deshalb gibt es die Verhandlungsmarge. Die Verhandlungsmarge wird jedoch nicht **auf** den **Nettoverkaufspreis**, der den Gewinn beinhaltet, sondern **in** den Nettoverkaufspreis gerechnet. Das gelingt, indem man bei einer Verhandlungsmarge von 10 % den Angebotspreis durch 0,9 dividiert. Auf diese Weise gelangt man in einer Auftragsverhandlung, wenn man auf den Angebotspreis 10 % Rabatt gibt, nicht unter den Nettoverkaufspreis, der in jedem Fall erreicht werden soll!

Name	Klasse	Datum

1. Bei der Kostenbetrachtung der zu beschaffenden Blechtafeln sind Materialreste durch Verschnitt nicht zu berücksichtigen. Alle zu beschaffenden Blechtafeln sind dem Auftrag zuzuschreiben.

   a) Berechnen Sie die Masse aller Blechtafeln, die für diesen Auftrag bestellt werden müssen.

   b) Berechnen Sie die Materialeinkaufskosten für die zu bestellenden Blechtafeln.

2. Erläutern Sie mit eigenen Worten die in der Tabelle aufgeführten Begriffe.

Begriff	**Beschreibung**
Werkstoffeinzelkosten WEK	
Werkstoffkosten WK	
Herstellkosten HK	
Selbstkosten SK	
Nettoverkaufspreis NVP	

Name	Klasse	Datum

3. Ermitteln Sie den Angebotspreis für die 100 Schraubenboxen.

Angebotskalkulation 100 Blechboxen mit Deckel

		Werkstoffgemeinkostenzuschlag	**Werkstoffgemeinkosten WGK**	**Werkstoffkosten WK**
Werkstoffeinzelkosten WEK:				
		Anzahl Stunden		**Fertigungslohnkosten FLK**
Stundensatz Geselle:				
Stundensatz CNC-Programmierer:				
		Anzahl Stunden		**Maschineneinzelkosten Kanten MEK1**
Maschinenstundensatz Kanten				
Schwenkbiegemaschine				
		Anzahl Stunden		**Maschineneinzelkosten Trennen MEK2**
Maschinenstundensatz Trennen				
CNC-Laserschneidanlage				
Herstellkosten	**HK:**			
		Verwaltungs- u. Vertriebskostenzuschlag	**Verwaltungs- u. Vertriebskostenzuschlag**	
Selbstkosten	**SK:**			
		Gewinnzuschlag	**Gewinn G**	
Nettoverkaufspreis	**NVP:**			
		Verhandlungsmargenfaktor	**Verhandlungsmarge VM**	
Angebotspreis (incl. VM)				

Name Klasse Datum

Notizen

Name	Klasse	Datum

Name	Klasse	Datum

6 STEIGLEITER AUS STAHL MIT RÜCKENSCHUTZ

Verwendung

Die dargestellte Steigleiter aus Stahl mit Rückenschutz dient dazu, über eine 6,23 m hohe Fassade aus Beton, das Dach zu erreichen. Der Rückenschutz besteht aus Rückenbügeln und senkrechten Versteifungen. Die Absturzhöhe der Leiter liegt zwischen 5 und 10 m.

Gesamtauftrag

Der Bauherr möchte, dass die Leiter, obwohl sie nicht in Deutschland eingebaut wird, nach Grundsätzen der entsprechenden Deutschen Norm gebaut wird. Die Leiter soll komplett verzinkt werden.

Arbeitsaufträge

6.1 Vorplanungen

6.2 Fertigen der Steigleiter

6.3 Qualitätskontrolle

6.4 Montage der Leiter an der Wand

6.5 Abschließende Bewertung

Auszug aus der Norm

Seite 2 DIN 24 532
Leiter mit Rückenschutz (für mögliche Absturzhöhen über 5 bis 10 m)

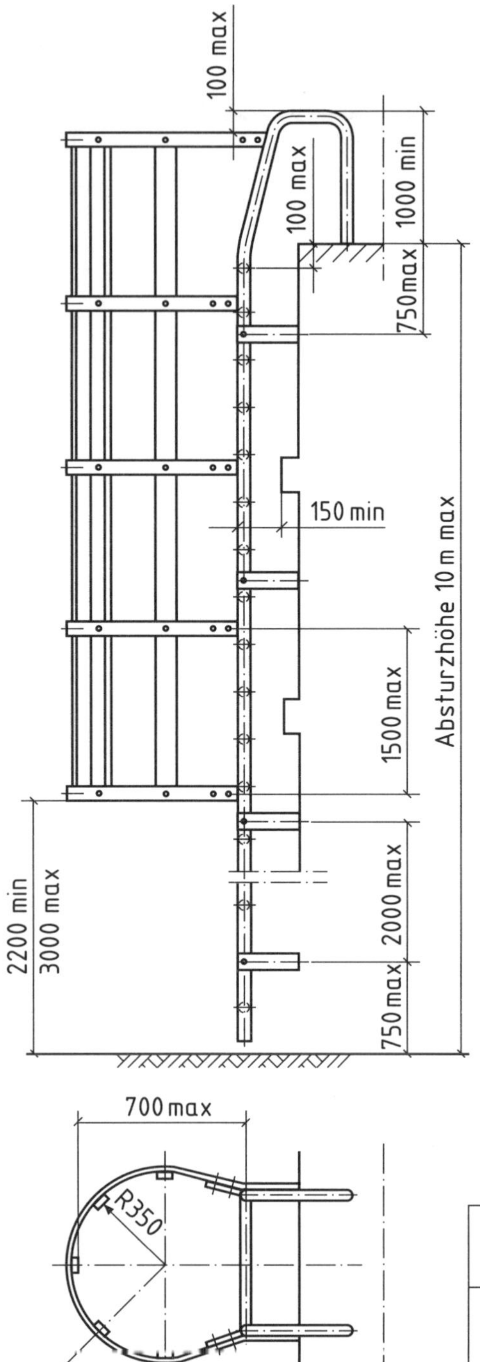

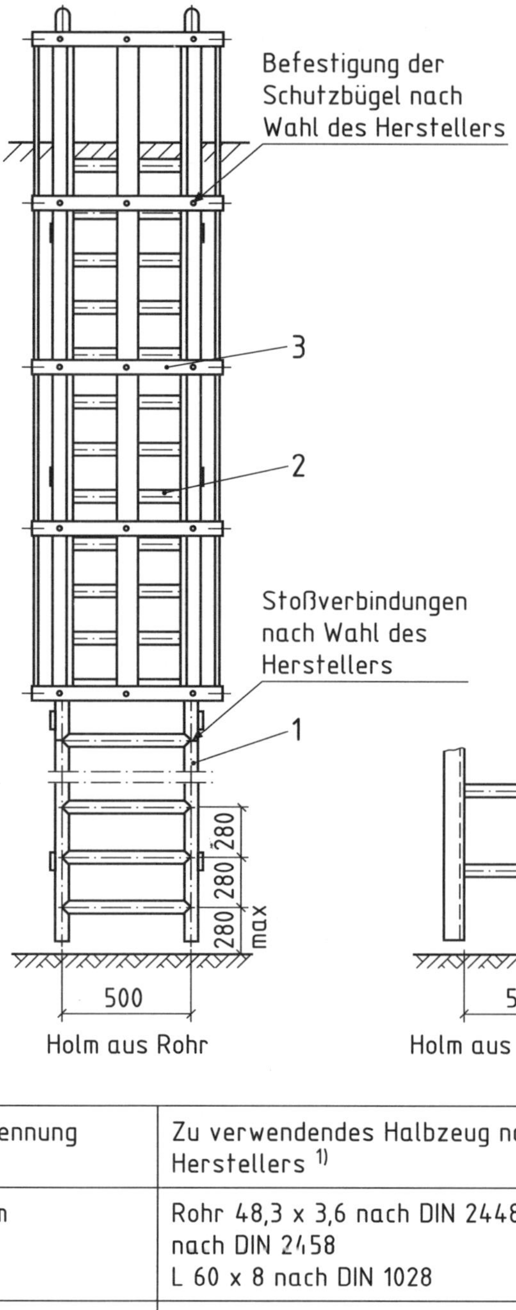

Holm aus Rohr

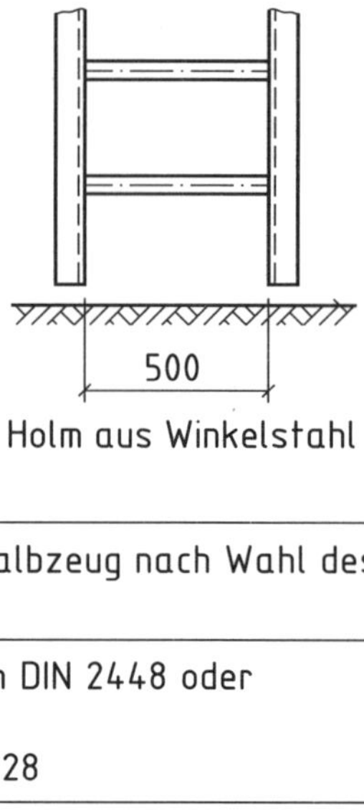

Holm aus Winkelstahl

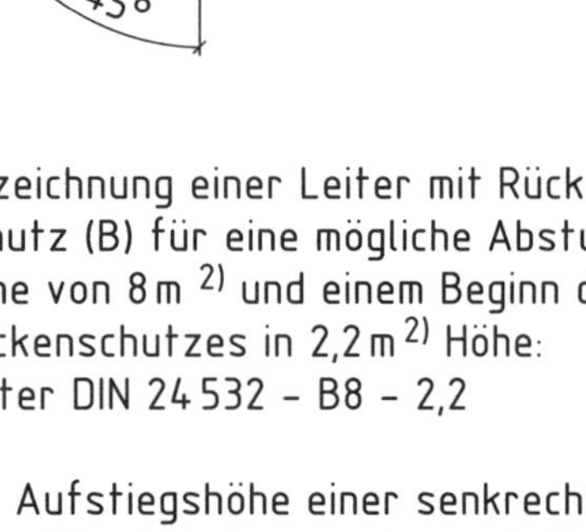

Lfd. Nr.	Benennung	Zu verwendendes Halbzeug nach Wahl des Herstellers [1]
1	Holm	Rohr 48,3 x 3,6 nach DIN 2448 oder nach DIN 2458 L 60 x 8 nach DIN 1028
2	Sprosse	ϕ min. 25; □ min. 20
3	Schutzbügel	Fl min. 50 x 5 nach DIN 1017 Teil

[1] Es können auch ähnliche Profile mit mindestens gleichem Widerstandsmoment wie beim Rohr verwendet werden. Die angegebenen Wanddicken dürfen nicht unterschritten werden.

Bezeichnung einer Leiter mit Rückenschutz (B) für eine mögliche Absturzhöhe von 8 m [2] und einem Beginn des Rückenschutzes in 2,2 m [2] Höhe:
Leiter DIN 24 532 - B8 - 2,2

Die Aufstiegshöhe einer senkrechten Leiter mit Rückenschutz darf 10 m nicht überschreiten. Bei Leitergängen über 10 m, bei denen mehrere Leitern vorgesehen werden müssen, sind für das Übersteigen von Leiter zu Leiter Zwischenpodeste einzubauen, die mit einem Geländer nach DIN 24 533 Teil 1 zu versehen sind.
Der Rückenschutz über solchen Podesten hat in einer Höhe von 2200 mm zu beginnen. Die Innenseite des Rückenschutzes darf keine vorstehenden Kanten aufweisen.

Lastannahme
Einzellast 1500 N an statisch ungünstiger Stelle.

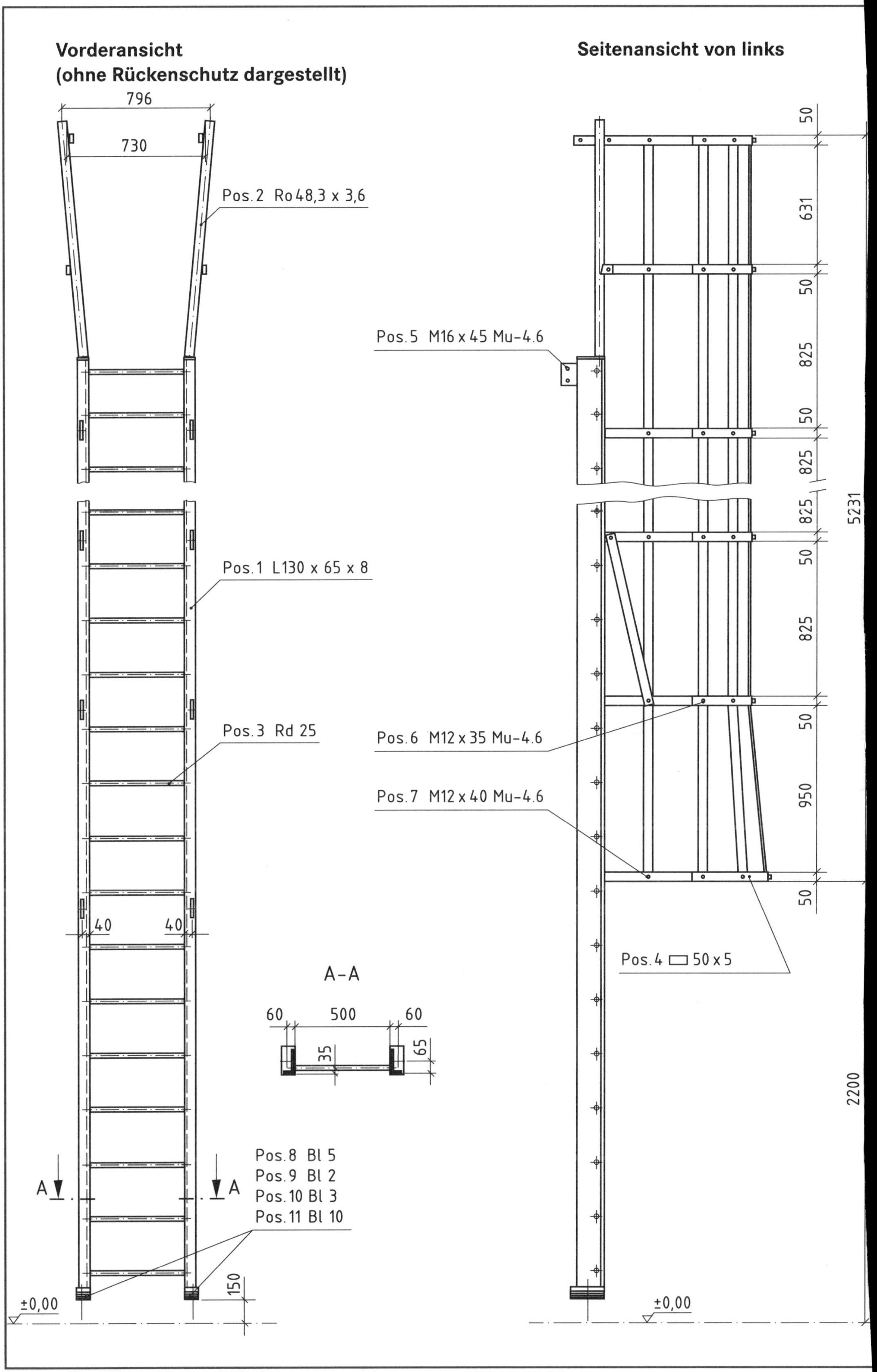

Vorderansicht
(ohne Rückenschutz dargestellt)
Seitenansicht von links
796
730
Pos.2 Ro48,3 x 3,6
Pos.1 L130 x 65 x 8
Pos.3 Rd 25
40
40
A-A
60
500
60
35
65
A
A
Pos.8 Bl 5
Pos.9 Bl 2
Pos.10 Bl 3
Pos.11 Bl 10
150
±0,00
Pos.5 M16 x 45 Mu-4.6
Pos.6 M12 x 35 Mu-4.6
Pos.7 M12 x 40 Mu-4.6
Pos.4 ▭ 50 x 5
50
631
50
825
50
825
825
50
825
50
950
50
5231
2200
±0,00

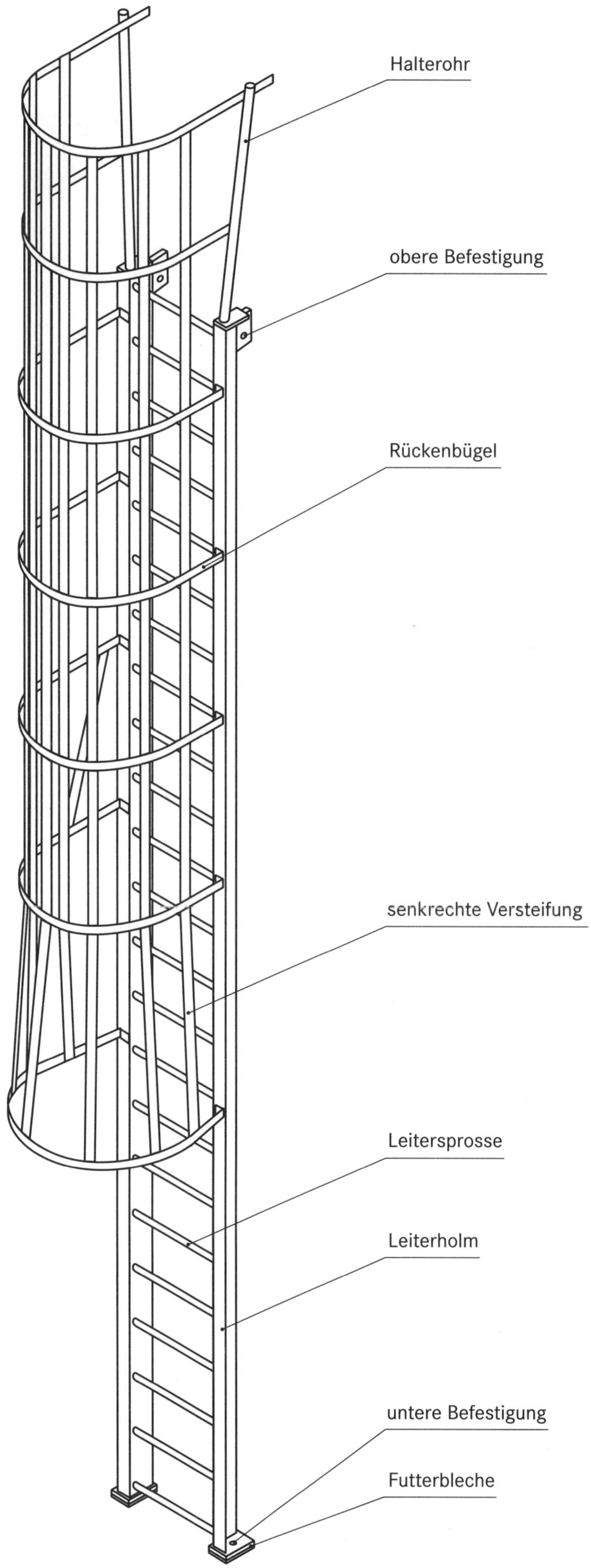

Halterohr
obere Befestigung
Rückenbügel
senkrechte Versteifung
Leitersprosse
Leiterholm
untere Befestigung
Futterbleche

1. Die Leiter hat die Bezeichnung: Leiter DIN 24532- B7- 2,2.
   Erläutern Sie diese Bezeichnung.

2. Bereits bei der Planung müssen verschiedene allgemeine Überlegungen einbezogen werden, die über die Herstellung hinaus gehen. Nennen Sie mindestens drei.

3. In der Zeichnung sind folgende englische Begriffe vorhanden.
   Übersetzen Sie diese englischen Begriffe ins Deutsche.

Space

Plane

Area

Point

Circle

Term

Locality

Name	Klasse	Datum

4. Erstellen Sie anhand der Zeichnung eine Stückliste mit den Normbezeichnungen ohne Längen- und Gewichtsangaben.

Pos. Nr.	Halbzeug	Norm/Bezeichnung

5. Die Leiter soll in der Werkstatt gefertigt werden. Nennen Sie mindestens drei Voraussetzungen, die erfüllt sein müssen, bevor Sie mit der Fertigung der Steigleiter beginnen können.

Name	Klasse	Datum

6. Bevor Sie mit der Herstellung der Steigleiter beginnen, müssen Sie Ihren Arbeitsplatz einrichten. Nennen Sie wichtige Punkte, die Sie dabei beachten müssen.

7. Erstellen Sie einen Arbeitsplan für die Fertigung des Bügels Pos. 4.

Lfd. Nr.	Arbeitsvorgang	Arbeitsmittel

Name	Klasse	Datum

8. Berechnen Sie die Zuschnittlänge des Rückenbügels Pos. 4.
   Die angegebenen Maße sind auf die neutrale Faser bezogen.

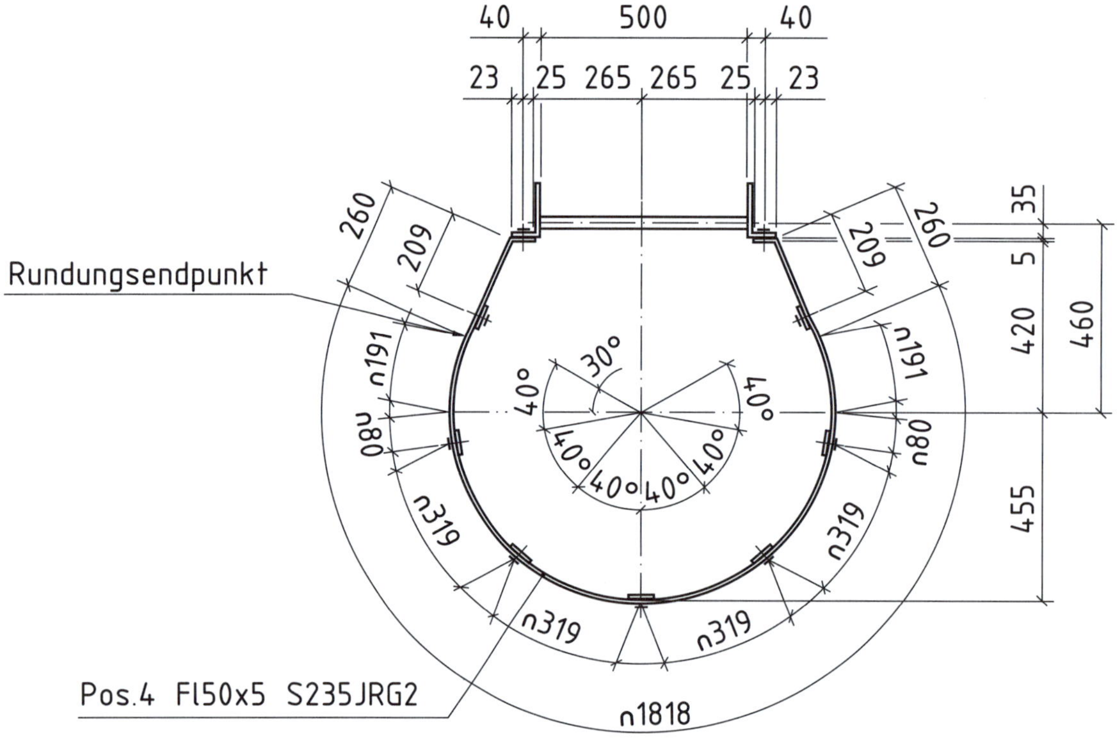

9. Berechnen Sie die Masse *m* des Rückenbügels Pos. 4 in kg.

10. Würden Sie für die Herstellung von Pos. 4 eine Schablone anfertigen?
    Begründen Sie Ihre Entscheidung.

Name	Klasse	Datum

1. Damit Sie diesen Auftrag ausführen können, bekommen Sie die in der Tabelle aufgeführten Unterlagen:

   Übersichtszeichnung, Zusammenbaustückliste, Einzelteilfertigungsplan, Sortenliste Montageschrauben.

   Informieren Sie sich bei Ihren Mitschülern oder informieren Sie sich in Ihrem Berieb über diese technischen Unterlagen.

Technische Unterlage	**Zweck**
Übersichtszeichnung	
Zusammenbaustückliste	
Einzelteil-Fertigungsplan	
Sortenliste Montageschrauben	

2. In der Zeichnung für diese Steigleiter sind verschiedene Positionsnummern angegeben.

   a) Welchem Zweck dienen diese Positionsnummern?

   b) Warum sind diese Positionsnummern in der Zeichnung senkrecht untereinander oder waagerecht nebeneinander angeordnet?

Name	Klasse	Datum

3. Der Leiterholm Pos. 1 (L EN 10056 - 1 - 130 x 65 x 8) wird mit der Sprosse Pos. 3, (Rd EN 10060 - 25) verschweißt.

   a) Erläutern Sie das Schweißnahtsymbol.

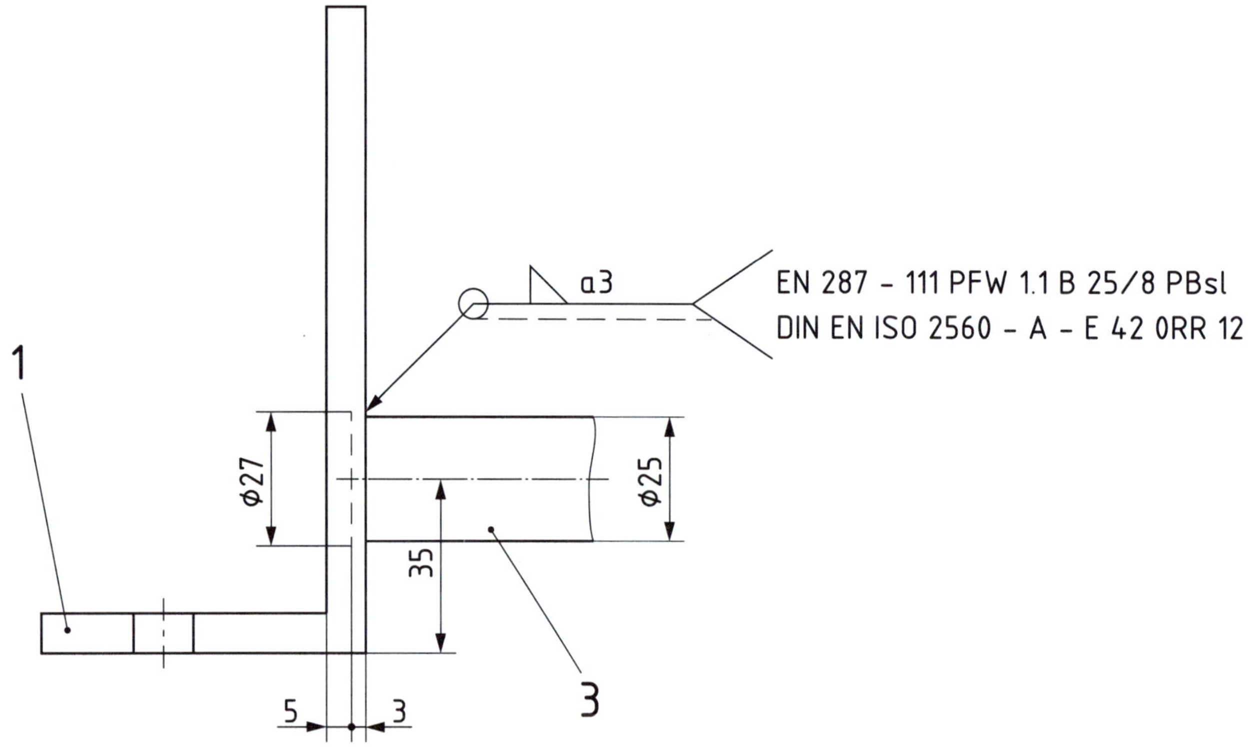

   b) Sie verwenden das MAG-Schweißverfahren. Nennen Sie wesentliche Merkmale dieses Verfahrens.

Name	Klasse	Datum

4. Einzelne Teile der Leiter werden an einem Schweißplatz geschweißt.

   a) Wie muss dieser Schweißplatz optimal ausgerüstet sein? Nennen Sie die einzelnen Komponenten.

   b) Beim Schweißen dieser Steigleiter benötigen Sie eine persönliche Schutzausrüstung.
   Nennen Sie vier Ausrüstungsteile.

5. Der Leiterholm (Pos. 1) besteht aus dem Material S 235 JR G2. Entschlüsseln Sie diese Angabe.

6. Sie brauchen für diese Leiter unter anderem Sechskantschrauben DIN 7990 - M16 x 45 Mu - 4.6.
   Erläutern Sie die Bezeichnung für die Mutter mit Schraube.

Name	Klasse	Datum

7. Alle Profile müssen gesägt werden.

a) Nennen Sie zwei Kriterien, die für die Auswahl einer Säge wichtig sind.

b) Nennen Sie mindestens drei Kriterien, die für die Auswahl des Sägeblattes wichtig sind.

8. Sie haben eine Hubsäge (Bügelsäge), eine Bandsäge und eine Kreissäge zur Verfügung, um die Winkel-, Rohr- Rund- und Flachprofile zu trennen. Welche Säge würden Sie für den vorliegenden Auftrag auswählen? Begründen Sie Ihre Entscheidung.

9. Der Rückenbügel (Pos. 4) muss nach dem Ablängen gebogen werden. Schlagen Sie mindestens drei Möglichkeiten zum Runden und Kanten vor.

Name	Klasse	Datum

10. Die Position 11 ist ein Futterblech. Es soll durch Brennschneiden hergestellt werden. Dazu müssen Sie einen Brenner auswählen und einstellen. Füllen Sie die Tabelle aus.

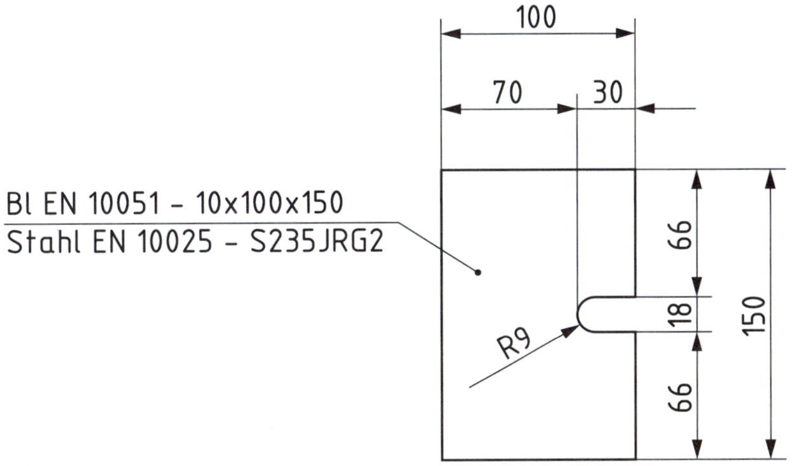

Einstellgrößen	Kriterium
Brennergröße	
Sauerstoffdruck	
Acetylendruck	

11. Die fertige Steigleiter wiegt unverzinkt ca. 313 kg. Sie muss zwischen den einzelnen Arbeitsgängen mit dem Hallenkran umgesetzt werden.

a) Nennen Sie vier Schritte, die Sie beim Transport der Last beachten müssen.

b) Nennen Sie Lastaufnahmemittel und Anschlagmittel für den Transport der Steigleiter in der Werkstatt zwischen den einzelnen Arbeitsgängen.

Lastaufnahmemittel

Anschlagmittel

Name	Klasse	Datum

12. Alle auf Maß getrennte Bauteile der Leiter müssen entgratet werden.

a) Nennen Sie ein Werkzeug, mit dem manuell entgratet werden kann.

b) Nennen Sie zwei Maschinen, mit denen maschinell entgratet werden kann.

13. Die Pos. 1, (Winkel 130 x 65 x 8) soll mit Pos. 3 (Rd 25) mithilfe des MAG-Verfahrens verschweißt werden. Nennen Sie fünf Schweißparameter und bestimmen Sie mithilfe des Tabellenbuches den entsprechenden Einstellwert.

Schweißparameter	**Einstellwert**

14. Sie stellen einen zu starken Einbrand beim Schweißen fest. Mit welchen Größen kann der Einbrand beeinflusst werden?

Name	Klasse	Datum

15. Die Brennerneigung beim MAG-Schweißen beeinflusst die äußere Nahtform. Man unterscheidet stechend, neutral und schleppend. Welche Wirkung auf die Naht hat eine stechende und eine schleppende Brennerneigung auf die Naht?

16. Alle Schweißnähte der Steigleiter müssen vorher sachgerecht vorbereitet werden. Damit der Werkstoff bis auf den Grund aufgeschmolzen werden kann, müssen die Stoßkanten nach DIN EN ISO 9692-1 vorbereitet werden (Stumpfnaht, Kehlnaht).
Beim Schweißen von Pos. 1 (Winkel 130 x 65 x 8) mit Pos. 3 (Rd 25) müssen Sie laut DIN EN ISO 9692-1 einige Punkte beachten.

Füllen Sie dazu die folgende Tabelle mithilfe des Tabellenbuches aus.

Nahtwahl	**Doppel-HV-Naht**
Zulässige Materialdicke t in mm	
Maße: Winkel α, β in ° Spalt b in mm Steghöhe c in mm	
Empfohlenes Schweißverfahren	
Bemerkungen	

Name Klasse Datum

17. Im Stahlbau wird zwischen Schweißplan und Schweißfolgeplan unterschieden. Sie dienen der optimalen Qualität der Schweißnähte und dem geringst möglichen Verzug der Schweißkonstruktion.

a) Nennen Sie die Angaben, die in einem Schweißplan enthalten sind.

b) Durch eine überlegte Schweißfolge im Schweißfolgeplan kann erreicht werden, dass für jede Schweißnaht die Freiheit des Schrumpfens gewahrt werden kann. Nennen Sie einige Maßnahmen zum Geringhalten von Schweißspannungen beim Schweißen dieser Leiter.

18. Beim Anschweißen der Futterbleche entsteht eine Vertiefung, ein sogenannter Endkrater. Er weist Poren und kleine Risse auf und wirkt deshalb als Kerbe. Wie können Sie dies verhindern?

19. Beim Schutzgasschweißen werden je nach Schweißverfahren verschiedene Schutzgase verwendet.

a) Welches Gas wird bei dem verwendeten MAG-Verfahren überwiegend eingesetzt?

b) Welchen Einfluss hat die Art des verwendeten Schutzgases auf den Schweißvorgang?

Name	Klasse	Datum

20. Bei jeder Schweißnaht an dieser Steigleiter entsteht eine Wärmeeinflusszone. Auf dieser schematischen Darstellung ist die Zuordnung von Wärmeeinflusszone und dem Eisenkohlenstoffdiagramm für einen unlegierten Stahl mit 0,2 % Kohlenstoff dargestellt.

Ermitteln Sie die Temperaturbereiche der 5 Zonen der Wärmeeinflusszone mithilfe des Eisenkohlenstoffdiagrammes aus dem Tabellenbuch. In welcher Zone ist die Bruchgefahr am größten?

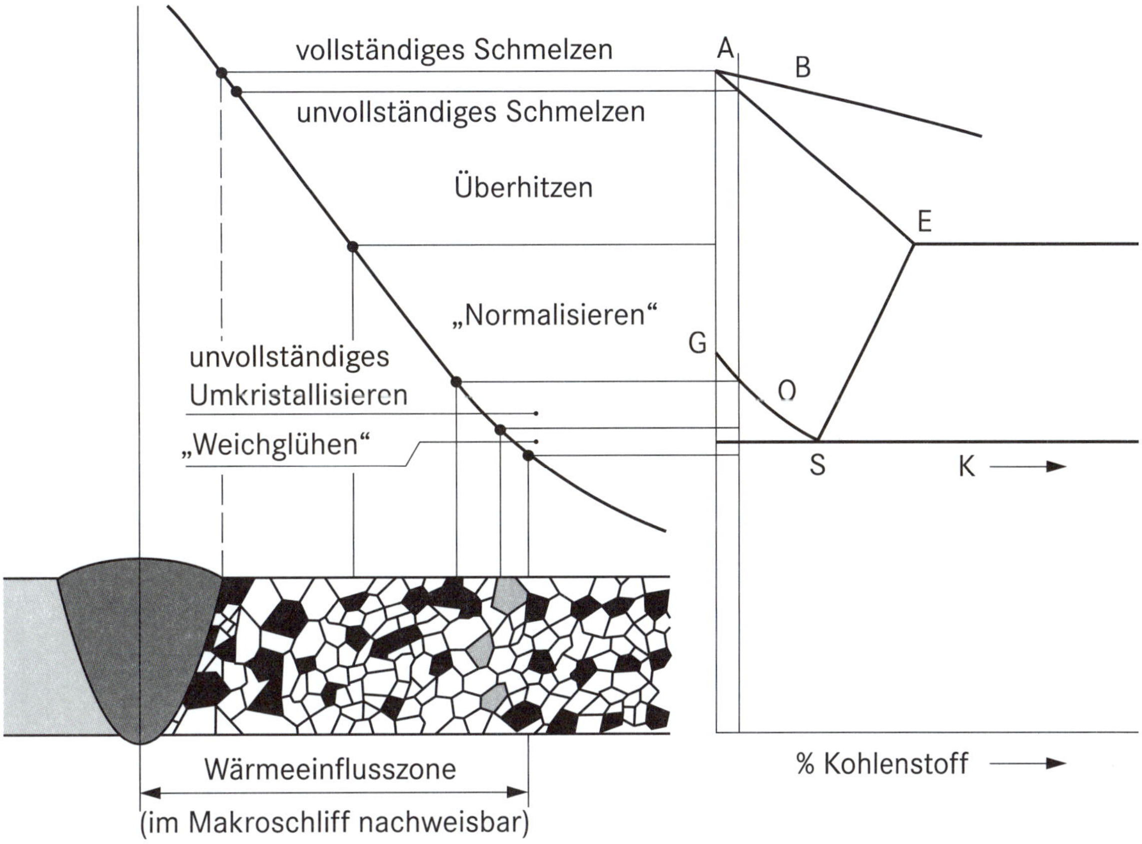

Zone 1: unvollständiges Schmelzen

Zone 2: Überhitzen

Zone 3: Normalisieren

Zone 4: unvollständiges Umkristallisieren

Zone 5: Weichglühen

Name	Klasse	Datum

21. Nach jedem Schweißvorgang an der Leiter müssen die Schweißnähte durch eine Sichtprüfung auf Fehler und Unregelmäßigkeiten untersucht werden.

a) Benennen Sie mindestens fünf mögliche Schweißnahtfehler, die beim Schweißen auftreten können.

b) Welchen Nachteil hat eine reine Sichtprüfung?

22. Nach Beendigung der Schweißarbeiten müssen Sie einige Schweißnähte glätten und die entstandenen Schweißspritzer entfernen. Dazu benötigen Sie einen Winkelschleifer.

Nennen Sie mindestens fünf Schutzvorschriften, die Sie beim Schleifen mit einem Winkelschleifer beachten müssen.

Name	Klasse	Datum

23. Nachdem die Steigleiter zusammengeschweißt ist, muss sie gerichtet werden. Da die Steigleiter aus verschiedenen Profilen besteht, müssen unterschiedliche Richtverfahren und Richtwerkzeuge angewendet werden.

Füllen Sie die untenstehende Tabelle aus.

Pos. Nr.	Bauteil	Richtverfahren und Richtwerkzeuge
1	Winkel 130x 65x8 Leiterholm	
2	Rohr 48, 3x3, 6 Halterohr	
3	Rund 25 Leitersprosse	
8, 9, 10, 11	Blech 2, 3, 5, 10 Futterblech	

24. Die Steigleiter ist fertig geschweißt, alle Teile entgratet und gerichtet.
Welche Zwischenkontrollen müssen Sie nun durchführen?

25. Die Steigleiter und der Rückenschutz werden in einer Fremdfirma feuerverzinkt.
Nennen Sie notwendige vorbereitende Maßnahmen, um eine optimale Verzinkung zu gewährleisten.

26. Welche Nacharbeiten müssen an den verzinkten Teilen nach dem Verzinken vorgenommen werden?

Name	Klasse	Datum

27. Nach dem Verzinken werden die einzelnen Bauteile verbunden. Nennen Sie drei Spannmittel, mit deren Hilfe Sie beim Zusammenbau die einzelnen Bauteile fixieren können.

28. Die Steigleiter könnte anstelle einer Verzinkung auch mit Farbe beschichtet werden. Welche Vorteile bietet eine Verzinkung gegenüber einer Farbbeschichtung?

29. Die Steigleiter kann aus Korrosionsschutzgründen auch mit anderen Materialien beschichtet werden. Nennen Sie vier weitere Beschichtungsverfahren.

30. Bei der Herstellung der Leiter entstehen Restmaterialien. Wie können Restmaterialien wie Stahlteile, Kühlschmierstoffe, Altöle und kunstharzgebundene Schleifscheiben entsorgt werden?

Stahlrestteile

Kühlschmierstoffe

Altöle

kunstharzgebundene Schleifscheiben

31. Muss eine Dokumentation über den Fertigungsprozess nach DIN 9001 angefertigt werden, oder kann darauf verzichtet werden? Diskutieren Sie die Lösung in der Gruppe.

Name Klasse Datum

1. Für die Kontrolle der Maße für diese Leiter ist die DIN ISO 2768- 1 die Grundlage.

   a) Der Rückenbügel Pos. 5 soll in der Toleranzklasse *c* hergestellt werden.
   Welche Grenzabmaße gelten für die Länge?

   b) Welches ist das größte und kleinste Abstandsmaß für die Halterohre der Leitersprossen Position 3 für das Maß 796 mm?

2. Mit welchem zerstörungsfreien Prüfverfahren können Sie die Schweißnähte der Leiter auf Risse an der Oberfläche überprüfen? Begründen Sie Ihre Entscheidung.

3. Der Leiterholm Pos. 1 (Winkel 130 x 65 x 8) wird mit Bl. 10 x 150 x 100) mithilfe einer Kehlnaht verschweißt. Welcher Grenzwert für die Unregelmäßigkeit der Bewertungsgruppe mitttel (c) ist nach DIN EN ISO 5817 zulässig?

   Ermitteln Sie unter dem Aspekt übermäßige Ungleichschenkligkeit bei Kehlnähten mithilfe des Tabellenbuches.

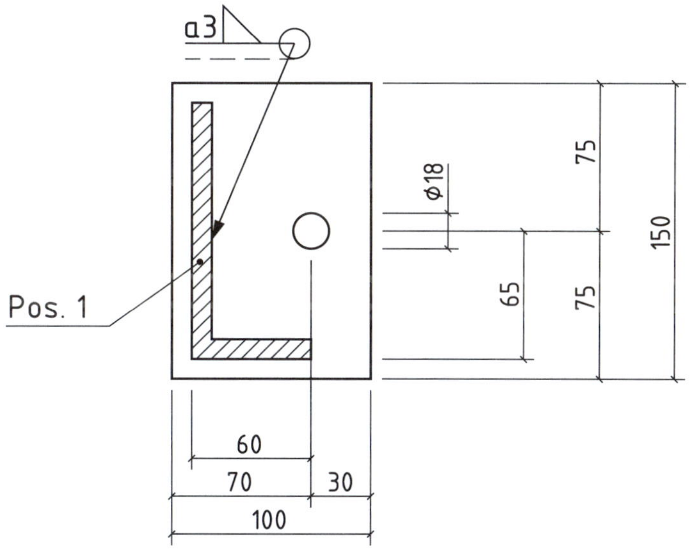

Name	Klasse	Datum

4. Mit Messzeugen können Sie wichtige Maße an den einzelnen Bauteilen überprüfen.

Füllen Sie dazu untenstehende Tabelle aus.

Bauteil	Mess-Prüfmittel	Genauigkeit
Pos. 1 Winkel 130x65x8, 6045 mm lang Leiterholm		
Pos. 3 Rund 25 Leitersprosse		
Pos. 12 Futterblech, Bohrung Ø 18 mm		
Pos. 4 Bohrungsdurchmesser 13 mm		
Schweißnaht Pos. 1 zu Pos. 3		
Winkelgenauigkeit Pos. 1 zu Pos. 3		

Name Klasse Datum

1. Die Montage der Leiter an der Wand soll über Schwerlastdübel erfolgen.

   a) Durch welche Kräfte können Dübel an dieser Leiter grundsätzlich belastet werden?

   b) Suchen Sie einen entsprechenden Schwerlastdübel für die Befestigung der Leiter an der senkrechten Wand (B35) aus. Die Last soll 1600 N betragen. Rechnen Sie mit dreifacher Sicherheit.

   c) Welche Montageart wählen Sie bei der Planung dieser Dübelverbindung? Begründen Sie Ihre Entscheidung (bündige Montage, Vorsteckmontage, Durchsteckmontage).

   d) Der Untergrund der Wand besteht aus Beton B 35. Zur Befestigung der Leiter wählen wir den in b) gewählten Dübeltyp. Ermitteln Sie anhand der Tabelle die für die Montage entsprechenden Maße mithilfe des Tabellenbuches.

Bezeichnung		**Maß**
Bohrlochdurchmesser	d	
Bohrlochtiefe	t	
Verankerungstiefe	h_v	
Nutzlänge	n	
Bauteildicke	D	
Achsabstand	A	
Randabstand	A_r	

Name Klasse Datum

2. Nach den Vorüberlegungen muss die Steigleiter an der Wand montiert werden. Dazu müssen die Bohrlöcher gebohrt und die Steigleiter mithilfe der Dübelkonstruktion verschraubt werden.

   a) Sie können zum Herstellen des Bohrloches an der oberen Kante der Betonwand das Drehbohren, das Schlagbohren oder das Hammerbohren einsetzen.
   Benennen Sie ein Verfahren und begründen Sie Ihre Entscheidung.

   b) Erläutern Sie, warum und wie das Bohrloch gereinigt wird.

   c) Nennen Sie mindestens drei Punkte, die Sie beim Einbringen des Dübels und der Befestigung der Steigleiter hierbei beachten müssen.

Name	Klasse	Datum

1. Bei der abschließenden Bewertung der Herstellung dieser Leiter spielt die Wirtschaftlichkeit eine wichtige Rolle. Nennen Sie drei Einflussgrößen um eine optimale Wirtschaftlichkeit zu erreichen.

2. Die gesamte Konstruktion wird feuerverzinkt. Eine Alternative wäre das Duplexverfahren.

   a) Erläutern Sie das Verfahren.

   b) Welchen Vorteil bietet dieses Verfahren?

3. Als alternativer Werkstoff kann die Leiter aus Stahl auch aus Aluminium oder nichtrostendem Stahl hergestellt werden. Jeder dieser verwendeten Werkstoffe bietet Vor- und Nachteile in Bezug auf diese Leiter.

   Füllen Sie die folgende Tabelle mit den Vor- und Nachteilen der einzelnen verwendeten Werkstoffe aus.

	Stahl	**Aluminium**	**nichtrostender Stahl**
Vorteile			
Nachteile			

Name	Klasse	Datum

4. Die Steigleiter kann mithilfe verschiedener Verfahren geschweißt werden Ein alternatives Schweißverfahren zum verwendeten MAG-Verfahren könnte das Lichtbogenhandschweißen sein. Füllen Sie die Tabelle mit den Vor- und Nachteilen der beiden Verfahren aus.

	MAG-Schweißverfahren	**Lichtbogenhandschweißen**
Vorteile		
Nachteile		

Name	Klasse	Datum

7 FENSTERGITTER

Verwendung

Das Gitter wird vor ein Kellerfenster montiert. Es dient als Zierde und Schutz des Fensters. Zusätzlich bietet es einen begrenzten Einstiegschutz.

Gesamtauftrag

Ein Kunde bestellt 4 Gitter für die Kellerfenster seines Einfamilienhauses nach vorliegendem Muster.

Er gibt für die Maueröffnung, in die die Fenster eingebaut werden, folgende Maße an:

Breite: 90 cm und Höhe 50 cm. Die Gitter sollen auf allen Seiten 5 cm über die Öffnung reichen und 4 cm von der Mauer abstehen.

Um eine Korrosion zu vermeiden, sollen die Gitter feuerverzinkt werden.

Arbeitsaufträge

7.1 Fertigen des Rahmens mit den Befestigungswinkeln

7.2 Fertigen und Einbau der Stäbe in den Rahmen

7.3 Montieren der Zierschnecken und Endkontrolle

7.4 Gittervarianten

Zierschnecken

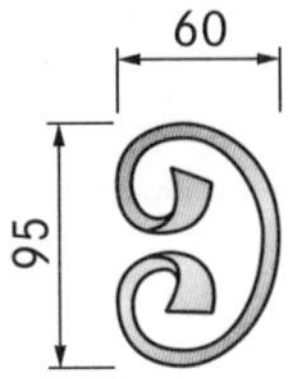

#		
200	0,14 kg	12x5 mm

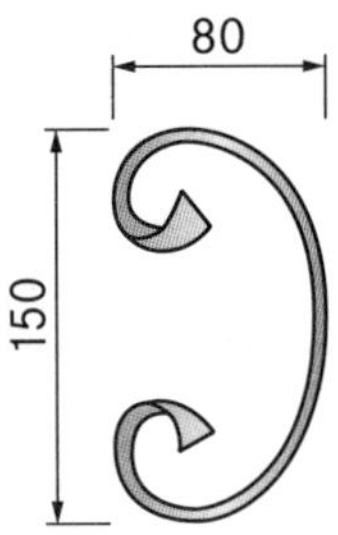

#		
210	0,17 kg	12x5 mm

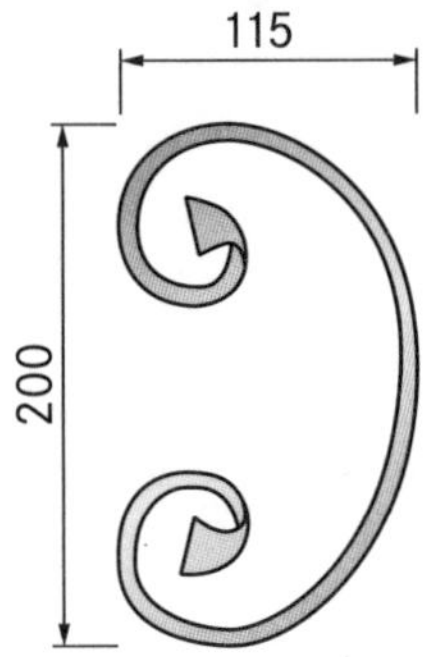

#		
220	0,28 kg	12x5 mm

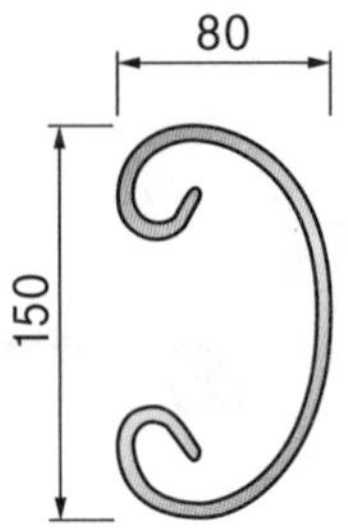

#		
230	0,17 kg	12x5 mr

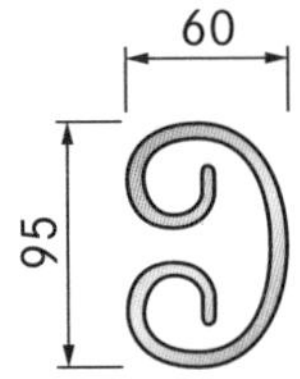

#		
100	0,13 kg	12x5 mm

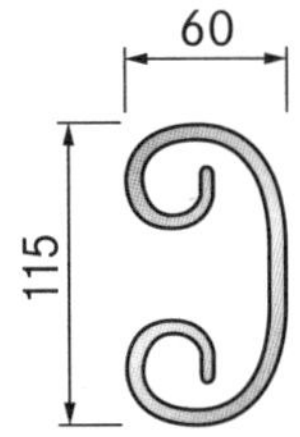

#		
110	0,14 kg	12x5 mm

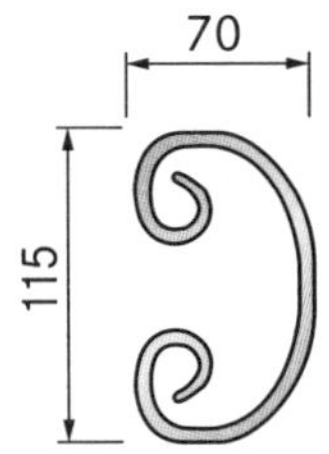

#		
120	0,16 kg	12x5 mm

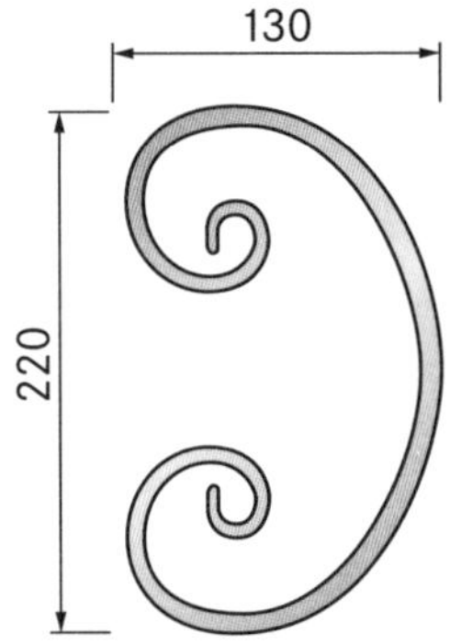

#		
130	0,32 kg	12x5 mr

Bunde

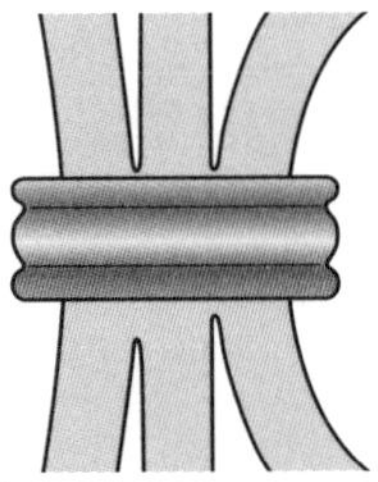

#	II +)(	
330	16x8-16x8-16x8 mm	100
	16x4 mm	
	31x24,5x31 mm	

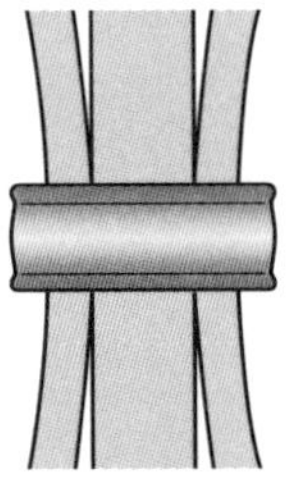

#	)(	
320	12x5-12x12-12x5 mm	100
	12x3 mm (11702)	
	26x24x25 mm	

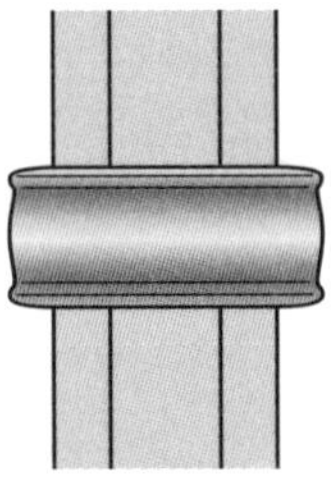

#	II	
340	12x6-12x12-12x6 mm	100
	16x4 mm (11704)	
	26,5x25x26,5 mm	

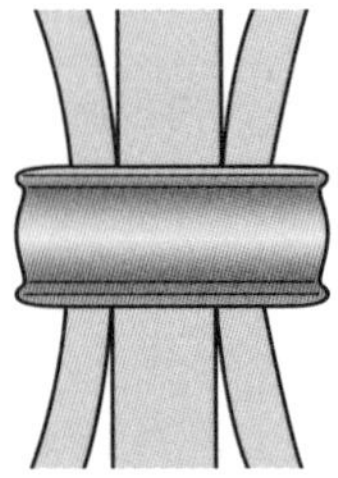

#	II	
342	12x6-12x12-12x6 mm	1C
	16x4 mm (10704)	
	27x26x27 mm	

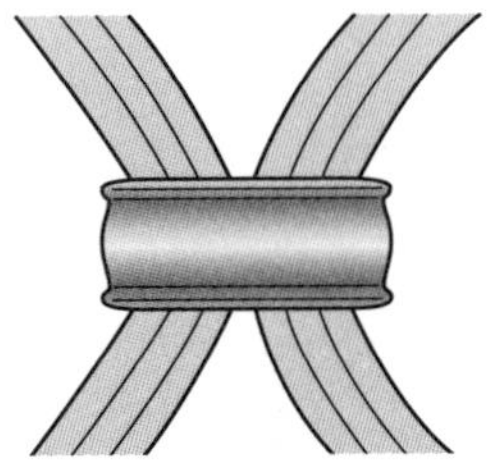

#	×	
350	12x12-12x12 mm	100
	16x4 mm (11704)	
	27x26x27 mm	

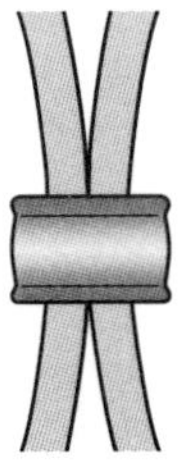

#	)(	
310	12x5-12x5 mm	100
	12x3 mm (11702)	
	19x12x19 mm	

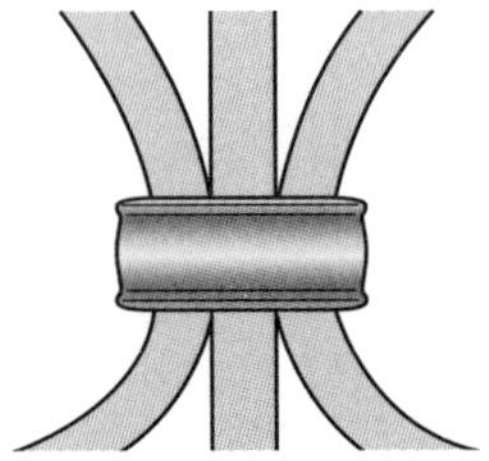

#	II +)(	
345	16x8-16x8-16x8 mm	100
	16x4 mm	
	28,5x24x28,5 mm	

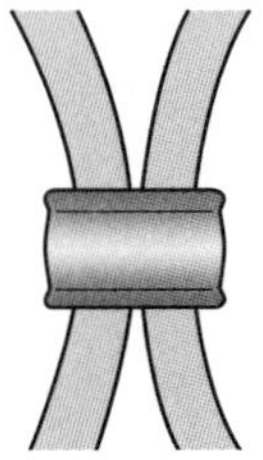

#	II +)(	
315	14-14 mm	1(
	16x4 mm	
	27x28x27 mm	

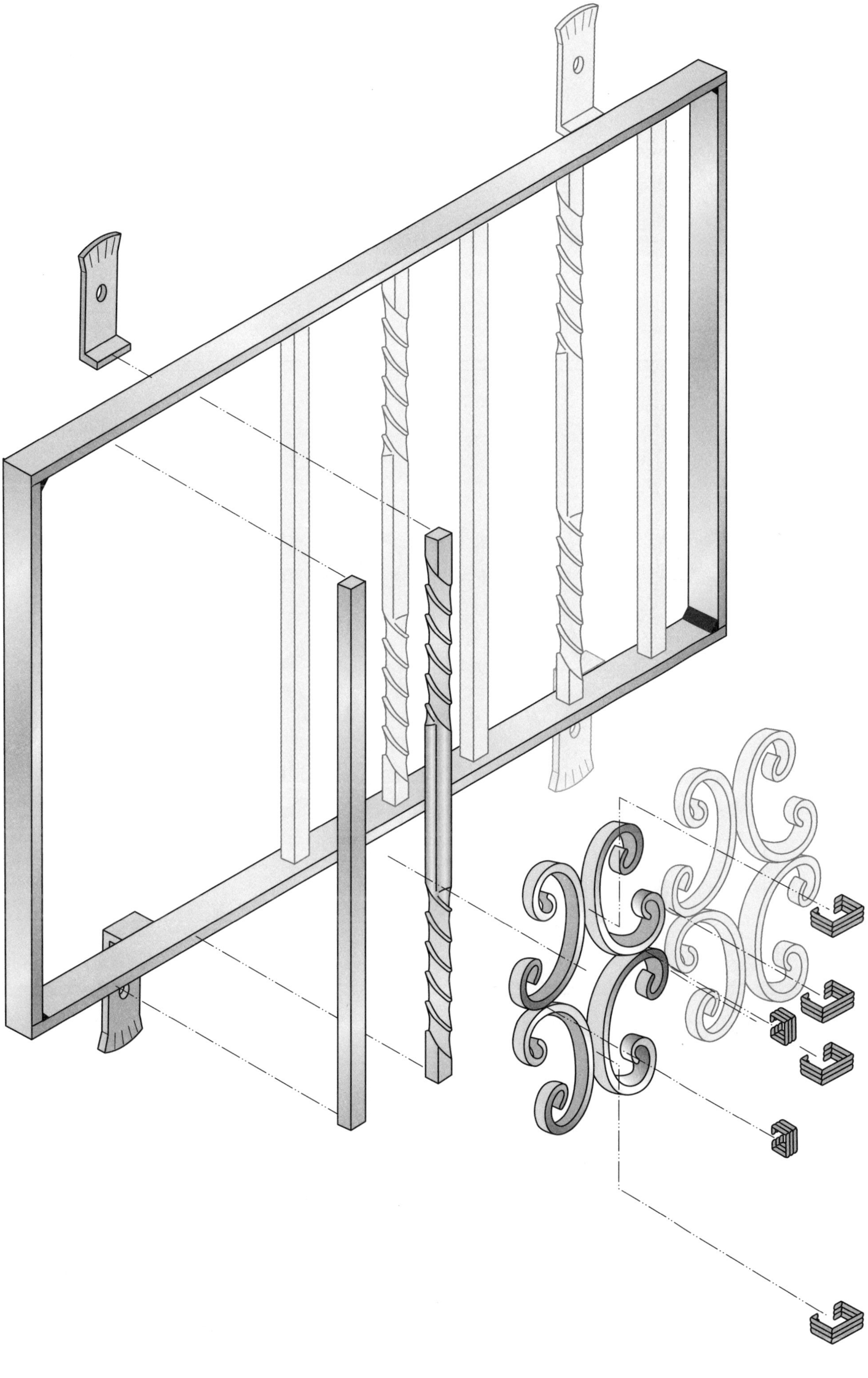

Befestigungswinkel
Rahmen
Zierschnecke
Bund
Stab

Fertigen des Rahmens mit den Befestigungswinkeln

1. Sie wählen für den Rahmen das Halbzeug Flachstab EN 10058 - 30x8 Stahl EN 10025 - S235 JR. Sie planen, den Rahmen aus 4 einzelnen Stäben zu konstruieren. Ermitteln Sie die Längen der einzelnen Stäbe.

2. Fertigen Sie für den Rahmen einschließlich der Befestigungswinkel eine Planungsskizze an und bemaßen Sie das Werkstück.

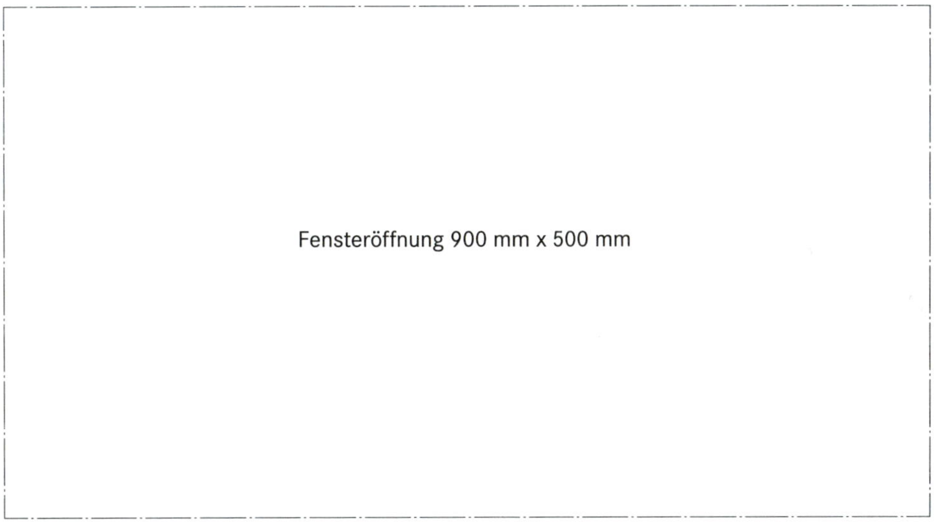

Name	Klasse	Datum

3. Sie sägen die einzelnen Stäbe von einem 6 m langen Stab ab. Sie verwenden dazu eine Maschinenbügelsäge, in der ein 2 mm dickes Sägeblatt eingespannt ist.

   Berechnen Sie für die 4 Rahmen den Materialverbrauch. Die Befestigungswinkel sollen nicht mit gerechnet werden. Ermitteln Sie den Verschnitt in Prozent.

4. Sie entscheiden sich zur Verbindung der Stäbe für eine HV-Naht.

   a) Begründen Sie Ihre Entscheidung.

   b) Beschreiben Sie die Vorbereitung der Stäbe für das Schweißen, fertigen Sie dazu eine Skizze der Schweißnaht an.
   Informieren Sie sich dazu im Tabellenbuch.

Name	Klasse	Datum

5. Sie haben in Ihrer Werkstatt eine MAG-Schweißanlage, die Sie verwenden wollen. Bestimmen Sie das zu verwendende Schweißgut und das Schutzgas.

6. Tragen Sie in die Skizze die Schweißnahtbezeichnung für die HV-Naht mit Angabe des Verfahrens, Angaben zur Qualität, zur Arbeitsposition und zum Schweißgut ein.

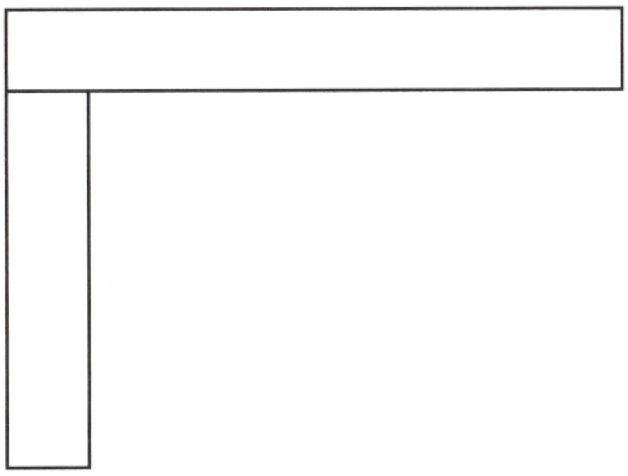

7. Sie haben sich entschieden, den Rechteckrahmen aus einem Flachstab herzustellen. Dazu muss der Stab scharfkantig gebogen werden. Wählen Sie ein geeignetes Verfahren und beschreiben Sie dieses.

8. Ermitteln Sie mithilfe des Tabellenbuches und des Fachbuches, bei welcher Temperatur das Halbzeug Flachstab EN 10058 - 30 x 8 Stahl EN 10025 - S235 JR, Kohlenstoffgehalt ca. 0,17 %, warm gebogen werden soll.

Name	Klasse	Datum

9. Nennen Sie mindestens zwei mögliche Wärmequellen für das Umformen und beschreiben Sie Vorteile und Nachteile.

10. Beschreiben Sie zwei Möglichkeiten, die richtige Umformtemperatur zu überprüfen.

Name	Klasse	Datum

11. Nach dem Biegen zu einem Rechteckrahmen führen Sie eine Prüfung durch.
Überprüfen Sie die Maße und die Form auf der Grundlage der Allgemeintoleranzen DIN ISO 2768-cL.
Ermitteln Sie die jeweils zulässigen Abmaße bzw. Toleranzen.

12. Die Befestigungswinkel werden aus demselben Halbzeug wie der Rahmen hergestellt. Sie planen, dass der längere Schenkel des Winkels eine Länge von 120 mm haben soll. Fertigen Sie eine Skizze des Befestigungswinkels an und bemaßen Sie diese.

13. Durch Freiformschmieden soll das Ende des längeren Schenkels zur Zierde ausgebreitet werden.
Beschreiben Sie den Vorgang und die benötigten Werkzeuge.

Name	Klasse	Datum

14. Der Winkel ist scharfkantig zu biegen. Beschreiben Sie den Biegevorgang.

15. Nach dem Biegen ist das Loch mit einem Durchmesser 10 mm zu bohren. Erstellen Sie einen Arbeitsplan zur Fertigung der Bohrung.

Lfd. Nr.	Arbeitsvorgang	Arbeitsmittel	Arbeitswerte/ Bemerkungen

Name	Klasse	Datum

Fertigen und Einbau der Stäbe in den Rahmen

1. Die Gitterstäbe sind zu fertigen und in den Rahmen einzubauen. Legen Sie die Arbeitsschritte fest.

2. Die Stäbe werden aus Vierkantstab EN 10059 – 12 Stahl EN 10025 – S 235 JR gefertigt. Legen Sie die Abstände der 7 Stäbe im Rahmen fest. Die Randabstände einerseits und die Abstände der Stäbe untereinander sollen gleich sein. Fertigen Sie eine bemaßte Skizze an.

Name	Klasse	Datum

3. Das Halbzeug wird als 6 m lange Stangen geliefert. Berechnen Sie für die 4 Gitter den Materialbedarf. Für das Sägen verwenden Sie eine Maschinenbügelsäge, in der ein 2 mm dickes Sägeblatt eingespannt ist. Sie werden die Stäbe mit einer umlaufenden Kehlnaht in den Rahmen schweißen, daher ist eine Spaltbreite für die Schweißnaht zu berücksichtigen (   ).

4. Erstellen Sie einen Arbeitsplan für das Schweißen der Stäbe in den Rahmen.

Lfd. Nr.	Arbeitsvorgang	Arbeitsmittel	Arbeitswerte/Bemerkungen

Name Klasse Datum

5. Der Kunde wünscht, dass drei der Stäbe in dem Gitter torsiert werden. Legen Sie in der Abbildung, die im Maßstab 1:10 dargestellt ist, die Maße fest.

6. Beschreiben Sie den Arbeitsvorgang „Torsieren eines Stabes“.

7. Der Kunde wünscht, die fünf mittleren Stäbe als weiteres Zierelement oben 8 cm über den Rahmen hinausragen zu lassen. Dazu sollen die Stäbe zu einer pyramidenförmigen Spitze ausgeformt werden. Welche Veränderungen müssen Sie am Rahmen und an den Stäben vornehmen?

Name	Klasse	Datum

8. Beschreiben Sie das Fertigen der Löcher im Rahmen für das Einsetzen der Vierkantstäbe.

9. Sie haben sich für eine 6 cm lange pyramidenförmige Spitze entschieden. 2 cm soll der Stab noch im ursprünglichen Profil über den Rahmen hinausragen. Berechnen Sie die notwendige Länge eines Stabes vor dem Schmieden der Spitze.

10. Beim Schmieden arbeiten Sie mit hohen Temperaturen. Sie benötigen für ein sicheres Arbeiten eine persönliche Schutzausrüstung. Nennen Sie mindestens 4 Ausrüstungsgegenstände.

Name	Klasse	Datum

11. Beschreiben Sie das Schmieden der Spitze.

12. Erstellen Sie einen Arbeitsplan für das Schweißen eines Stabes in den Rahmen.

Lfd. Nr.	Arbeitsvorgang	Arbeitsmittel	Arbeitswerte/Bemerkungen

Name	Klasse	Datum

Name	Klasse	Datum

Montieren der Zierschnecken und Endkontrolle

1. In den Rahmen sind die Gitterstäbe eingesetzt und geschweißt. Nun sollen die zugekauften Zierschnecken eingesetzt werden. Wählen Sie aus dem Katalogauszug geeignete Zierschnecken. Als Vorlage benutzen Sie die Illustration im Maßstab 1:10.

2. Die Zierschnecken werden zwischen die Gitterstäbe geschweißt. Beschreiben Sie den Fertigungsvorgang, berücksichtigen Sie dabei, dass anschließend noch die Bunde montiert werden müssen.

3. Nach dem Schweißen der Zierschnecken werden die Bunde eingesetzt. Auch diese werden vorgefertigt gekauft. Wählen Sie aus dem Katalogauszug die geeigneten Bunde.

Name	Klasse	Datum

4. Beschreiben Sie das Einsetzen der Bunde.

5. Die fertig montierten Gitter sollen gemäß dem Kundenauftrag feuerverzinkt werden. Dazu werden die Gitter in eine Lohnverzinkerei zur Oberflächenbehandlung transportiert. Vorher ist eine Endkontrolle durchzuführen. Beschreiben Sie die entsprechenden Maßnahmen.

Name	Klasse	Datum

6. Die Gitter sind nach der Überprüfung und einer ggf. notwendigen Nacharbeit zur Lohnverzinkerei zu transportieren.

   a) Berechnen Sie das Gewicht eines Gitters.

   b) Nennen Sie zwei Gründe, warum die Berechnung des Gewichtes von Bedeutung ist.

Name	Klasse	Datum

1

2

Name	Klasse	Datum

1. Sie finden in Katalogen anderer Anbieter Alternativen zu dem gefertigten Gitter. Sie planen, zukünftigen Kunden die drei möglichen Gitterkonstruktionen vorzustellen.

   Entwickeln Sie ein Kundengespräch, in dem Sie die einzelnen Konstruktionen vergleichen und dabei folgende Kriterien berücksichtigen:
   - Aussehen und äußere Wirkung,
   - Sicherheit,
   - Materialverbrauch und Materialkosten,
   - Fertigung und zeitlicher Aufwand

   Das Kundengespräch soll als Referat der Klasse vorgetragen werden oder als Grundlage für ein Rollenspiel dienen.

Gitter	**gefertigtes Gitter**	**Gittervariante 1**	**Gittervariante 2**
Aussehen und äußere Wirkung			
Sicherheit			
Materialverbrauch und Materialkosten			
Fertigung und Arbeits-aufwand			

2. Nennen Sie mindestens drei Möglichkeiten, einem Kunden unterschiedliche Gitter zu präsentieren.

Name	Klasse	Datum

Notizen

Name	Klasse	Datum

DEMONTIEREN UND MONTIEREN VON BAUGRUPPEN IN DER WERKSTATT

8 BALKON

Verwendung

Der Balkon ist an ein Wohnhaus in der ersten Etage vor die Fassade gehängt. Er hat die Außenmaße 3,36 m x 1,75 m und dient als Austritt aus einem Zimmer.

Der Balkon ist aus Systemelementen zusammengebaut, die größtenteils aus Aluminium hergestellt sind.

Bei einem Sturm wurde der Balkon erheblich beschädigt. Insbesondere sind auf einer Seite das Geländer, die Zugstange und die Bodenplatte deformiert. Es wurde festgestellt, dass die Befestigungselemente am Gebäude noch im einwandfreien Zustand sind und wiederverwendet werden können.

Gesamtauftrag

Der Balkon ist zu demontieren. Die Einzelteile oder Baugruppen sind in eine Metallwerkstatt zu transportieren. Es ist zu entscheiden, welche Teile durch neue ersetzt werden müssen. Nach der Instandsetzung ist der Balkon wieder an dem Gebäude zu montieren und für den Gebrauch fertig zu stellen. Das Geländer wird fertig montiert geliefert und von anderen Mitarbeitern angebaut.

Arbeitsaufträge

8.1 Auswerten der technischen Unterlagen

8.2 Demontieren des Balkons vom Gebäude

8.3 Beschaffen notwendiger Neuteile

8.4 Vormontieren des Balkons in der Werkstatt und Montieren am Gebäude

Stückliste (Auszug)

Pos.	Menge	Benennung	Sachnummer/Norm-/Kurzbezeichnung	Bemerkung
1	1	Bodenplatte		
2	1	Geländer		
3	4	Stützpfosten		
4	2	Befestigungsplatte		1x rechts, 1x links gekröpft
5	4	Gabel		2x M 16-RH, 2x M 16-LH
6	2	Zugstange		1x M 16-RH, 1x M 16-LH
7	2	Anschlusskonsole		
8	4	Befestigungsbolzen		
9	4	Sicherungssplint		
10	2	Sechskantmutter	ISO 4032-M 16-LH	A 4 - 70
11	2	Sechskantmutter	ISO 4032-M 16	A 4 - 70
12	4	Sechskantschraube	ISO 4014-M16x60	A 2 - 70
13	4	Scheibe	ISO 7090 - 16 - 200 HV	A 2
14	4	Sechskantschraube	ISO 4014-M 12x90	A 2
15	4	Scheibe	ISO 7090 - 12 - 200 HV	A 2
16	4	Distanzhülse 16 x 55		

Der Balkon ist über einer Terrasse angebracht und niveaugleich mit der Oberkante Fertigfußboden des Zimmers montiert. Damit ist er auch rollstuhlgerecht angebracht.

Der Balkon ist an Randstützen gehängt, die jeweils an den Geschossdecken mithilfe von Dübeln an dem Gebäude befestigt sind.

Der Balkon ist eine selbsttragende Konstruktion aus stranggepressten Aluminium-Profilen. Die Verbindung der Rahmenecken erfolgt mit massiven, passgenauen Eckverbindern, die in den Hohlkammern mittels 2-Komponenten-Metallkleber auf Polyurethanbasis verklebt werden. Das Verspannen der Verbinder erfolgt mit 12 mm Edelstahl-Bolzen. Weiterhin sind die Rahmenecken mit Dichtstücken auszustatten, die eine sichere Abdichtung der Entwässerungsrinne gewährleisten.

Der Balkon-Unterboden besteht aus 2 mm dicken Aluminium-Blechen und stranggepressten Aluminium-Profilen, den Bodenträgern, die mit den Randträgern verschraubt sind.

Die Aluminium-Bleche sind mit den Bodenträgern mithilfe eines 1-Komponenten Konstruktionskleber verkleben.

Die Wasserführung im unteren Bereich der Balkonplattformen erfolgt über eine – in die Rahmen-Konstruktion – integrierte, innen liegende Rinne. Für die Entwässerung nach außen wird ein Entwässerungsstutzen eingesetzt.

Das Geländer des Balkons ist aus vorgefertigten Aluminium-Profilen zusammengesetzt. Die einzelnen Fächer können auf Wunsch des Kunden mit Glas oder gefärbten Kunststoff gefüllt werden. Vier Stützpfosten, die jeweils an der Bodenplatte befestigt sind, geben dem Geländer einen notwendigen Halt.

Durch die Systembauweise und das verwendete Stecksystem kann der Balkon in der Werkstatt weitgehend vorgefertigt und am Gebäude mit wenig Aufwand montiert werden.

Alle Verbindungsmittel bestehen aus Alu-Guss bzw. aus nichtrostendem Stahl.

Der Balkon-Oberboden erhält oberflächenvergütete und geschliffene Beton-Werksteinplatten mit den Abmessungen 400 x 400 x 40 mm, die mit Justierkreuzen lose auf trittschalldämmenden Dichtungen verlegt sind. Der Plattenbelag schließt nahezu bündig mit der Oberkante der Randträger ab.

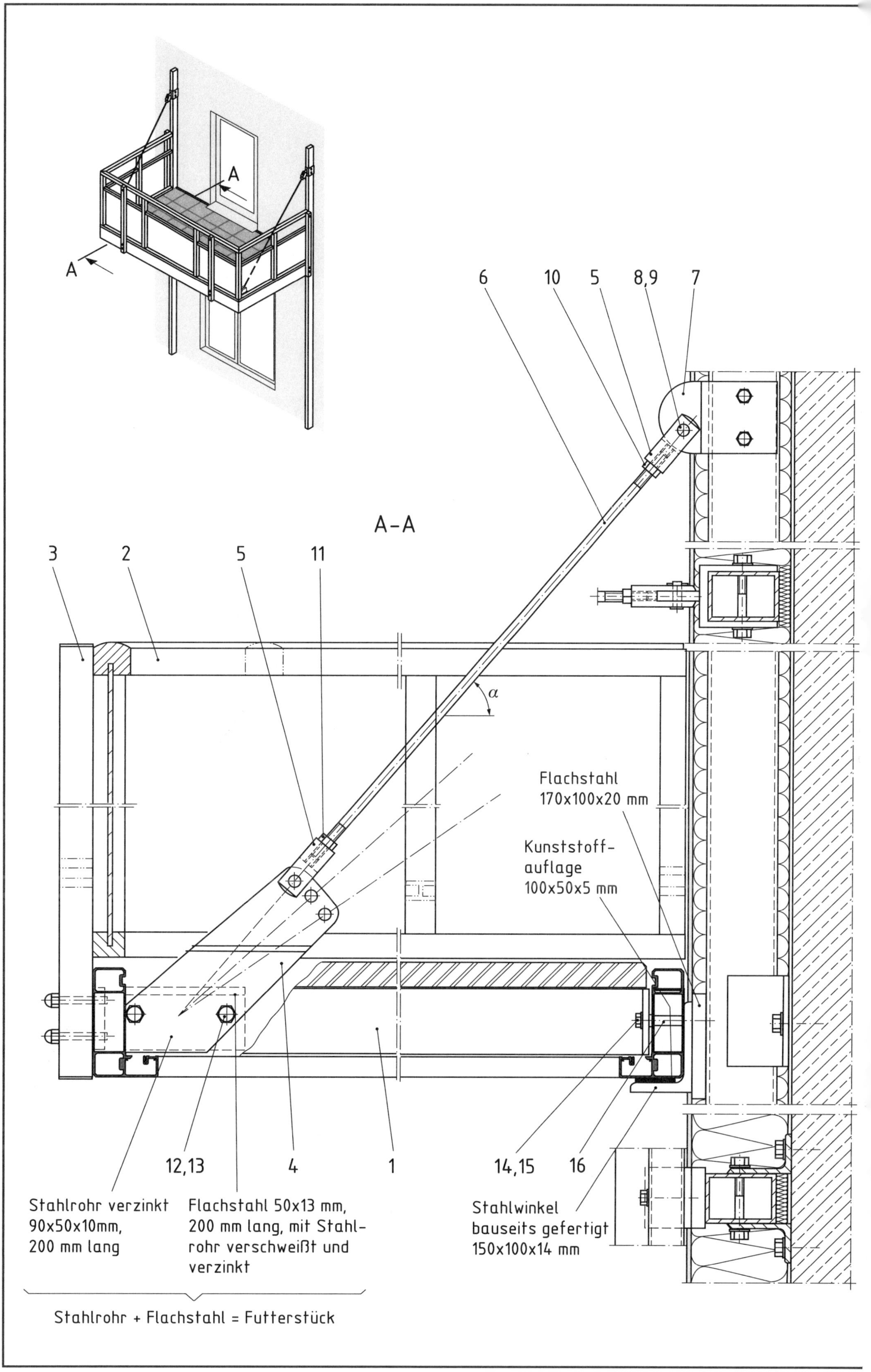
A
A
A-A
6
10
5
8,9
7
3
2
5
11
α
Flachstahl
170x100x20 mm
Kunststoff-
auflage
100x50x5 mm
12,13
4
1
14,15
16
Stahlrohr verzinkt
90x50x10mm,
200 mm lang
Flachstahl 50x13 mm,
200 mm lang, mit Stahl-
rohr verschweißt und
verzinkt
Stahlwinkel
bauseits gefertigt
150x100x14 mm
Stahlrohr + Flachstahl = Futterstück

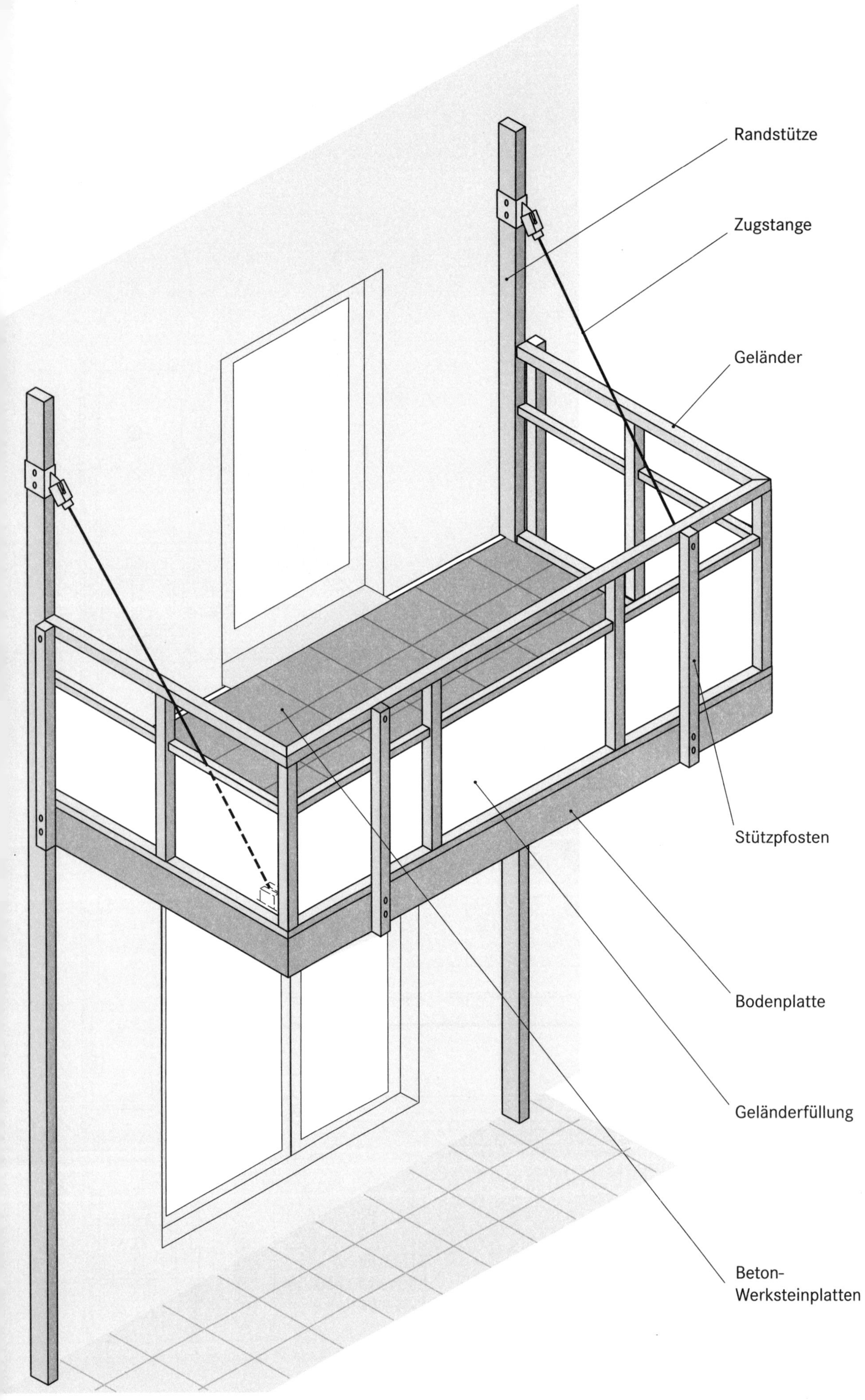
Randstütze
Zugstange
Geländer
Stützpfosten
Bodenplatte
Geländerfüllung
Beton-
Werksteinplatten

Auswerten der technischen Unterlagen

1. Aus welchen Baugruppen ist der vorgehängte Balkon aufgebaut?

2. Beschreiben Sie die Befestigung des Balkons am Gebäude.

3. Zur Befestigung der Befestigungsplatte sind Futterstücke, bestehend aus jeweils einem Stahlrohr 90 x 50 x 10-200 und einem Flachstahl 50x13-200, in das Randprofil eingeführt. Begründen Sie diese Maßnahme.

Name	Klasse	Datum

4. Die Zugstangen und Befestigungseinheiten sind miteinander verbunden. Erklären Sie anhand des Anordnungsplans den Aufbau dieser Verbindung.

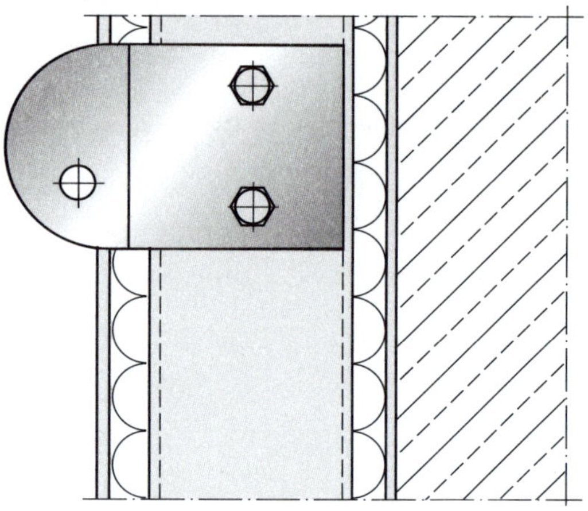

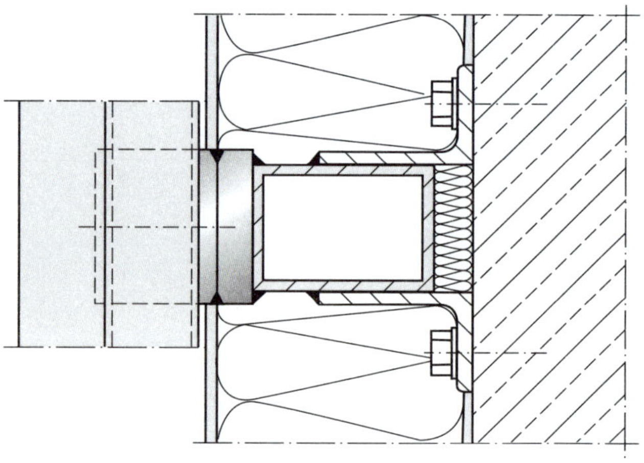

5. Aus der Stückliste entnehmen Sie, dass eine Mutter die Bezeichnung **Sechskantmutter ISO 4032 - M 16 LH - A4 - 70** hat. Erläutern Sie diese Bezeichnung.

6. Zugstangen, Sechskantmuttern und Befestigungseinheiten haben jeweils einmal Rechts- und einmal Linksgewinde. Begründen Sie diese Konstruktion.

Name	Klasse	Datum

Demontieren des Balkons vom Gebäude

1. Bevor Sie mit der Demontage des Balkons beginnen, ist die Baustelle zu sichern. Machen Sie mindestens zwei Vorschläge.

2. Vor dem Abbau des Balkons ist dieser gegen Absturz zu sichern. Machen Sie zwei Vorschläge.

3. Die bei der Demontage und Montage tätigen Mitarbeiter müssen gegen Absturz gesichert sein. Informieren Sie sich im Internet in der Bauarbeiterschutzverordnung (BauV) über „Absturzsicherungen" und nennen Sie die hier notwenigen Maßnahmen. Die Unterkante des Balkons liegt 2,60 m über dem Terrassenboden.

Name	Klasse	Datum

4. Aufgrund der Schäden am Balkon haben Sie in Absprache mit dem Kunden festgelegt, dass die Bodenplatte, die Zugstangen und das Geländer erneuert werden sollen. Dazu ist der Balkon zu demontieren.

   Erstellen Sie einen Demontageplan, in dem eindeutig die Reihenfolge der einzelnen Arbeiten festgelegt ist.

Demontageplan

Lfd. Nr.	Arbeitsvorgang	Arbeitsplatz	Arbeitsmittel	Bemerkung
1	Demontieren der Stützpfosten	Baustelle am Gebäude	Schraubenschlüssel	
2	Abbau des Geländers		Schraubenschlüssel, Schraubendreher	
3				
4				
5				
6				
7				
8				

Name	Klasse	Datum

5. Alle Befestigungselemente am Gebäude sollen dort verbleiben. Geben Sie in der Skizze an, welche Maßnahmen Sie ergreifen, um die Sicherheit der Elemente zu überprüfen.

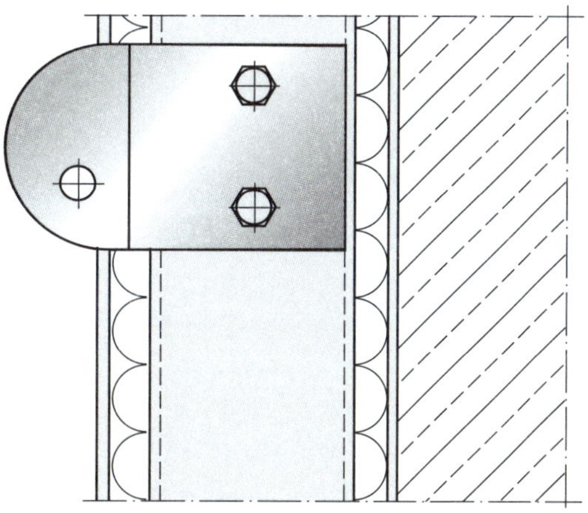

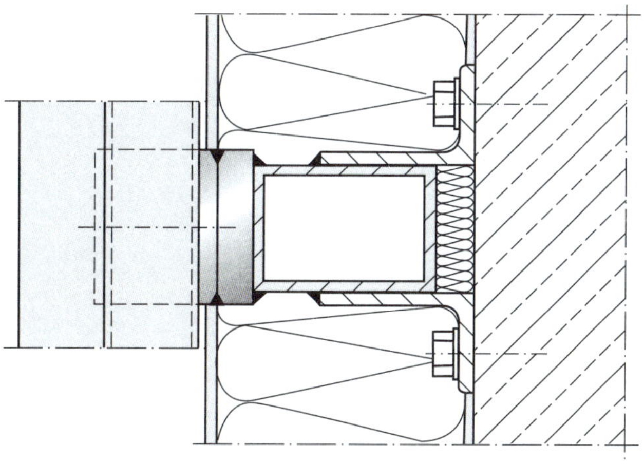

6. Da die Bodenplatte, die Zugstangen und das Geländer vollständig erneuert werden, können sie in der Werkstatt entsorgt werden. Geben Sie an, nach welchen Kriterien Sie die Entsorgung vornehmen.

Name	Klasse	Datum

Name	Klasse	Datum

1. Zusätzlich zum Geländer sind die Zugstangen mit den Befestigungseinheiten, die Befestigungsplatten und die Bodenplatte zu erneuern.
   Im Herstellerkatalog werden 2500 mm lange Zugstangen, auf der einen Seite mit Linksgewinde M 16, angeboten.

   Beschreiben Sie die Fertigung einer für den Einbau vorbereiteten Zugstange.

Lfd. Nr.	Arbeitsvorgang	Werkzeug

2. Eine Befestigungseinheit besteht aus
   1 Gabel Ø 32 mit Innengewinde M 16 - RH,
   1 Gabel Ø 32 mit Innengewinde M 16 - LH,
   2 Befestigungsbolzen,
   2 Sicherungssplinte,
   1 Sechskantmutter ISO 4032 - M 16 - A4 - 70,
   1 Sechskantmutter ISO 4032 - M 16 - LH - A4 - 70.

   Ermitteln Sie mithilfe des Tabellenbuches geeignete Bolzen und Splinte. Geben Sie für die Bestellung jeweils die Normbezeichnung an. Die Bohrung in einer Gabel hat einen Durchmesser von 8 mm.

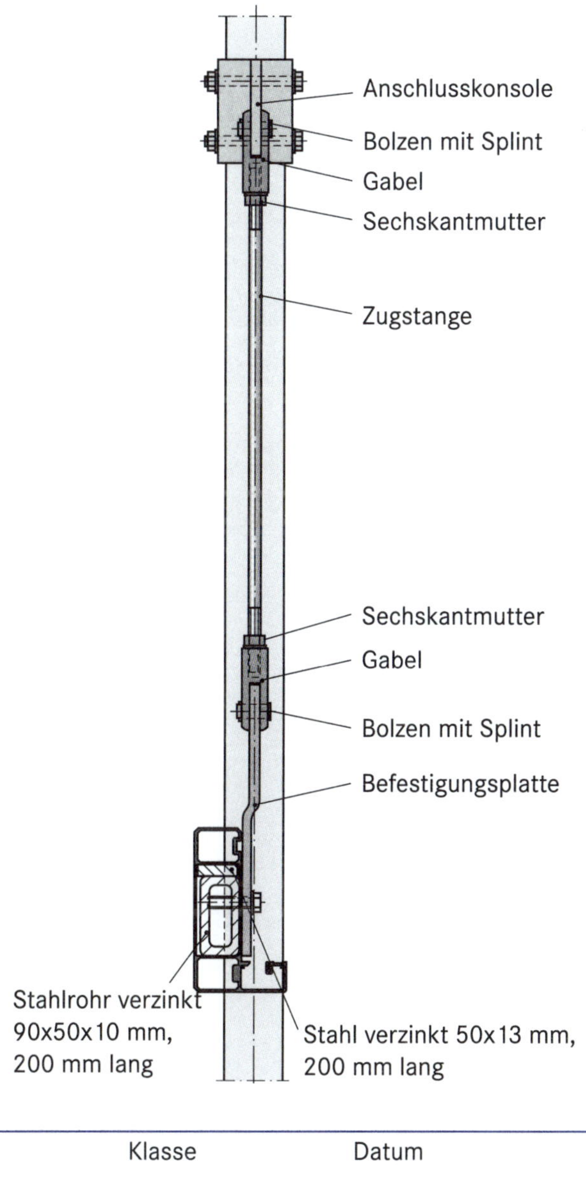

3. Die Befestigungsplatten werden am verstärkten Rahmenprofil befestigt. Dazu müssen je zwei Bohrungen mit Innengewinde gefertigt werden. Sie benutzen dazu eine vom Hersteller der Profile gekaufte Schablone.

   Begründen Sie die Verwendung einer Schablone.

Name | Klasse | Datum

4. Beim Kauf der Befestigungsplatten müssen Sie darauf achten, dass Sie gekröpfte Platten bestellen.

   Begründen Sie diese Notwendigkeit.

5. Erläutern Sie anhand des Anordnungsplans und der übrigen technischen Unterlagen den Aufbau der Bodenplatte. Lesen Sie dazu den Auszug aus der Produktbeschreibung.

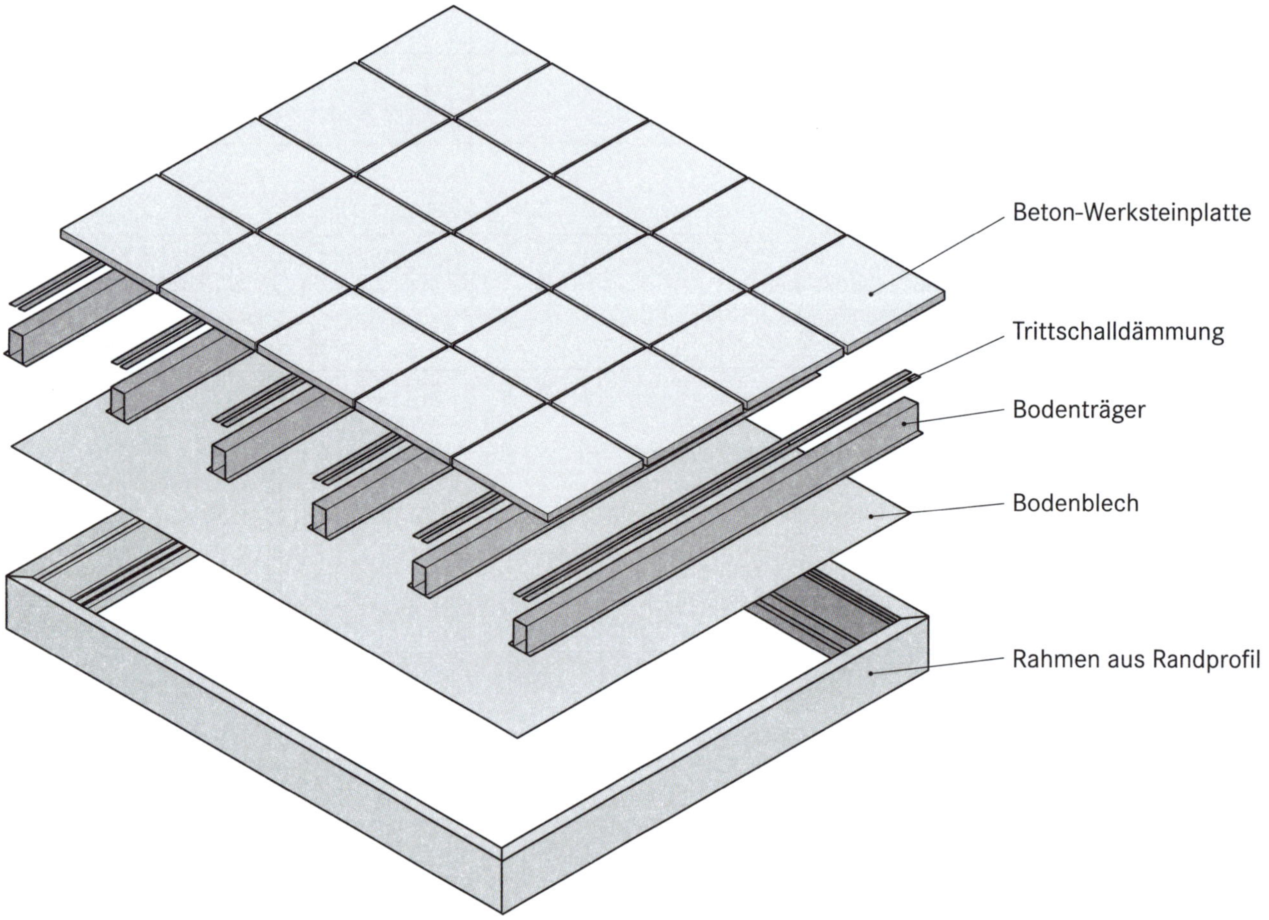

Name	Klasse	Datum

6. Der Rahmen, 3,36 m lang und 1,75 m breit, wird aus vier Randprofilen, die auf Länge und 45° geschnitten geliefert werden, gebildet. Die einzelnen Profile werden über Eckverbinder gefügt. Zusätzlich ist eine Dichtung für die Entwässerung vorzusehen.

   Fertigen Sie anhand des Anordnungsplans eine Bestellliste.

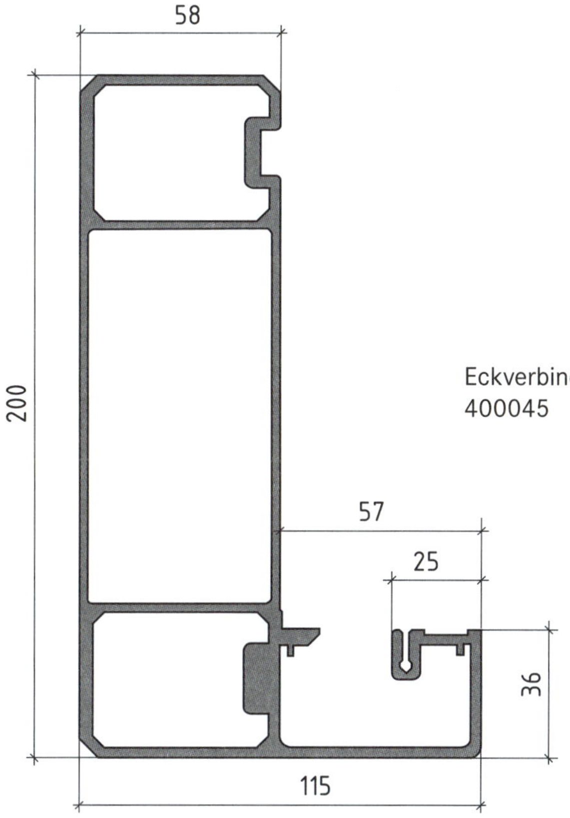

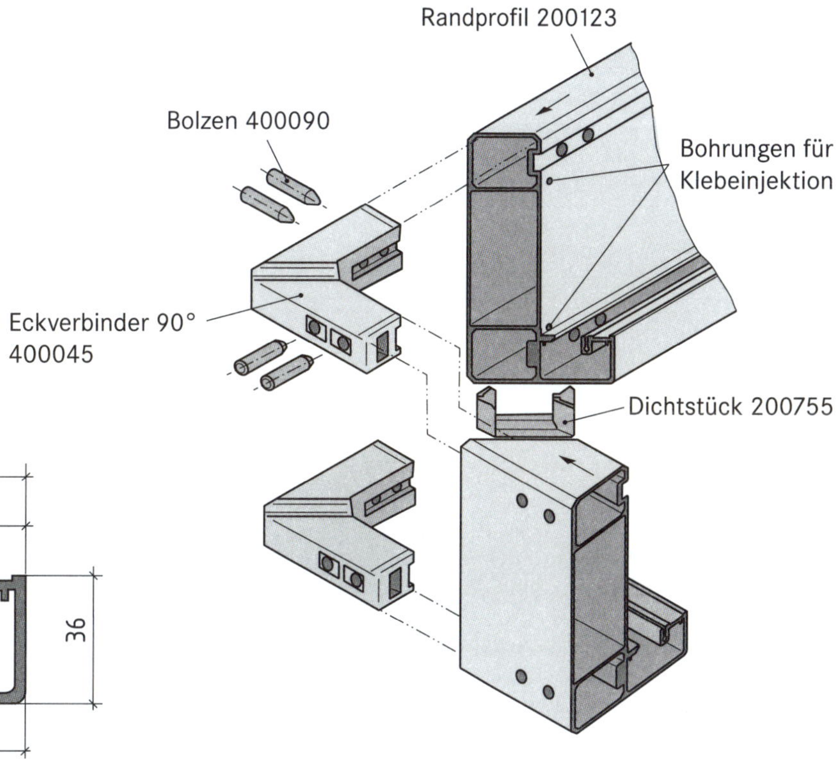

Lfd. Nr.	Artikel	Bestellnummer	Anzahl
1	Randprofil 200, Länge 3600 mm	200 123	
2			
3			
4			

7. Das Randprofil ist auf Länge und auf 45°-Gehrung zu schneiden.

   a) Welches Verfahren eignet sich zum Trennen der Profile?

   b) Worauf ist beim Spannen des Profils zu achten? Begründen Sie Ihre Antwort.

Name Klasse Datum

8. Der Boden des Balkons soll später mit Beton-Werksteinplatten 400 mm x 400 mm x 38 mm belegt werden. Der Systemhersteller gibt an, dass die Platten im Abstand von 2 ... 3 mm untereinander verlegt werden sollen. Der Abstand von 10 mm zum Randprofil ist einzuhalten.

   Berechnen Sie die Anzahl der benötigten Platten.

9. Die Werksteinplatten werden auf Bodenträger, die quer eingesetzt sind, aufgelegt. Die Bodenträger werden am Randprofil in dem Schraubkanal mit Linsenblechschrauben befestigt.

   Bestimmen Sie die Anzahl und die Länge der Bodenträger.

10. Der Kunde fragt nach anderen Bodenbelägen als den grauen Beton-Werksteinplatten. Unterbreiten Sie mindestens drei Alternativ-Vorschläge. Informieren Sie sich dazu im Internet.

Name　　Klasse　　Datum

Vormontieren des Balkons in der Werkstatt und Montieren am Gebäude

1. Sie haben entschieden, den Balkon in der Werkstatt soweit es geht vorzumontieren. Beschreiben Sie, welche Baugruppen vormontiert werden können.

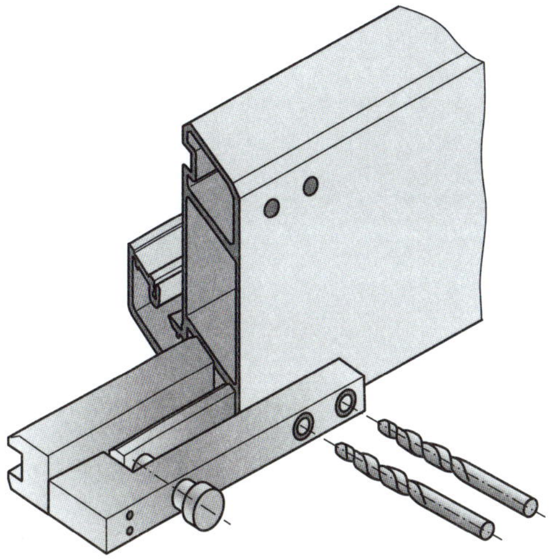

Bohrvorrichtung zur genauen Positionierung der Bolzenlöcher für die Eckverbindungen

2. Der Systemhersteller bietet für das Fertigen der einzelnen Bohrungen Bohrvorrichtungen an. Erläutern Sie an dem Beispiel die Notwendigkeit, die Vorrichtung zu verwenden.

3. Zur Montage der Bodenplatte muss der Arbeitsplatz vorbereitet werden. Beschreiben Sie die notwendigen Arbeiten.

4. Bevor Sie den Rahmen zusammenbauen, müssen die Futterstücke eingelegt und für die Montage der Befestigungsplatten vorbereitet werden. Beschreiben Sie Ihr Vorgehen.

Name	Klasse	Datum

5. Erstellen Sie anhand der Abbildung einen Plan für die Montage des Rahmens der Bodenplatte. Informieren Sie sich dazu auch in dem Auszug aus der Produktbeschreibung.

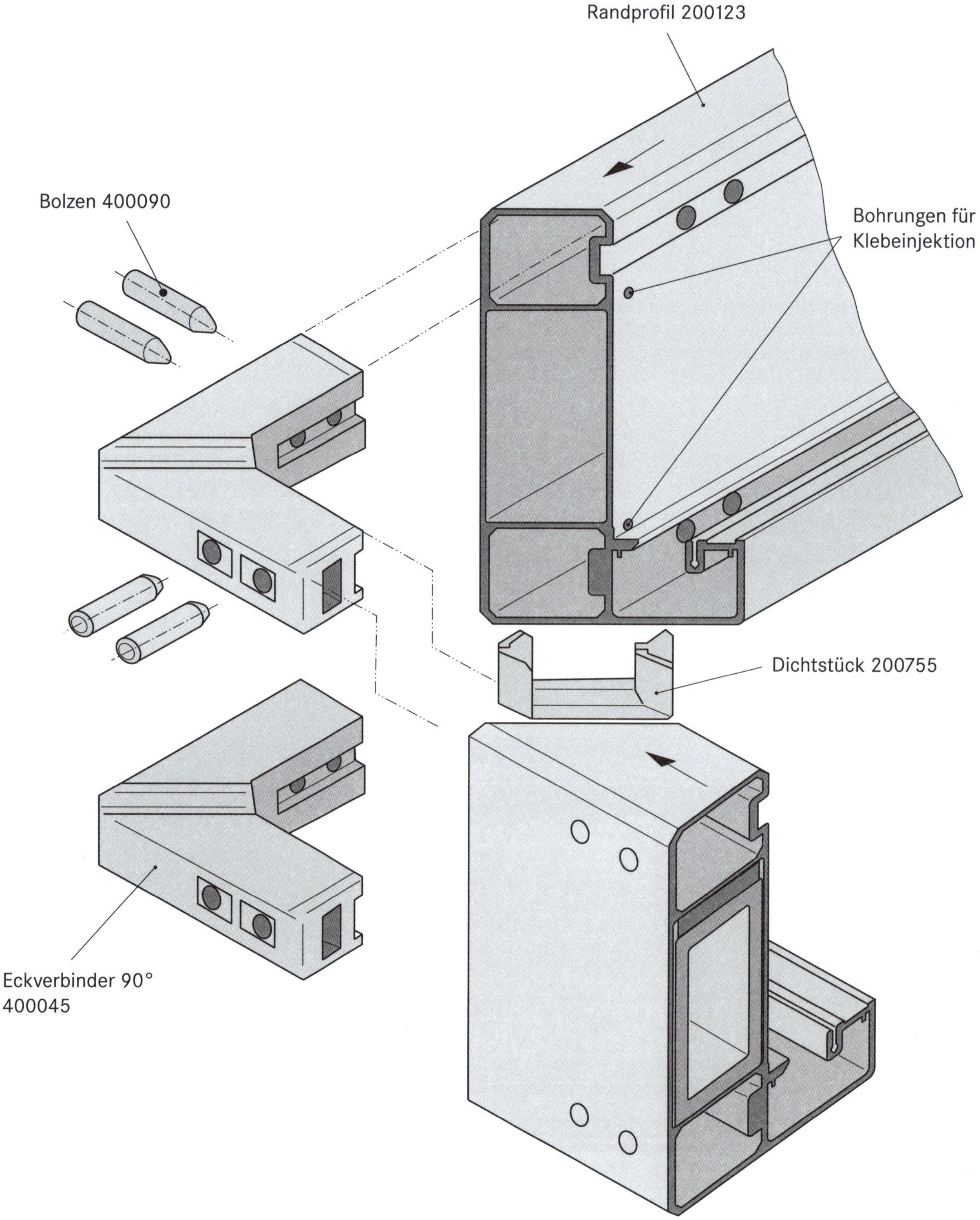

Name	Klasse	Datum

Montageplan Rahmen

Lfd. Nr.	Arbeitsvorgang	Arbeitsmittel	Bemerkung
1	Bereitlegen der zugeschnittenen Profile		
2	Bohren der Bolzenlöcher	Stufenbohrer Ø 7, Ø 12 HSS	Bohrvorrichtung
3			
4			
5			
6			
7			
8			
9			
10			

Name	Klasse	Datum

6. Nach der Fertigstellung des Rahmens sind das Bodenblech und die Bodenträger mit einem Konstruktionskleber einzukleben und zu verschrauben. Dazu haben Sie die Zeichnung und Montagehinweise des Systemherstellers erhalten. Entwickeln Sie daraus einen Montageplan.

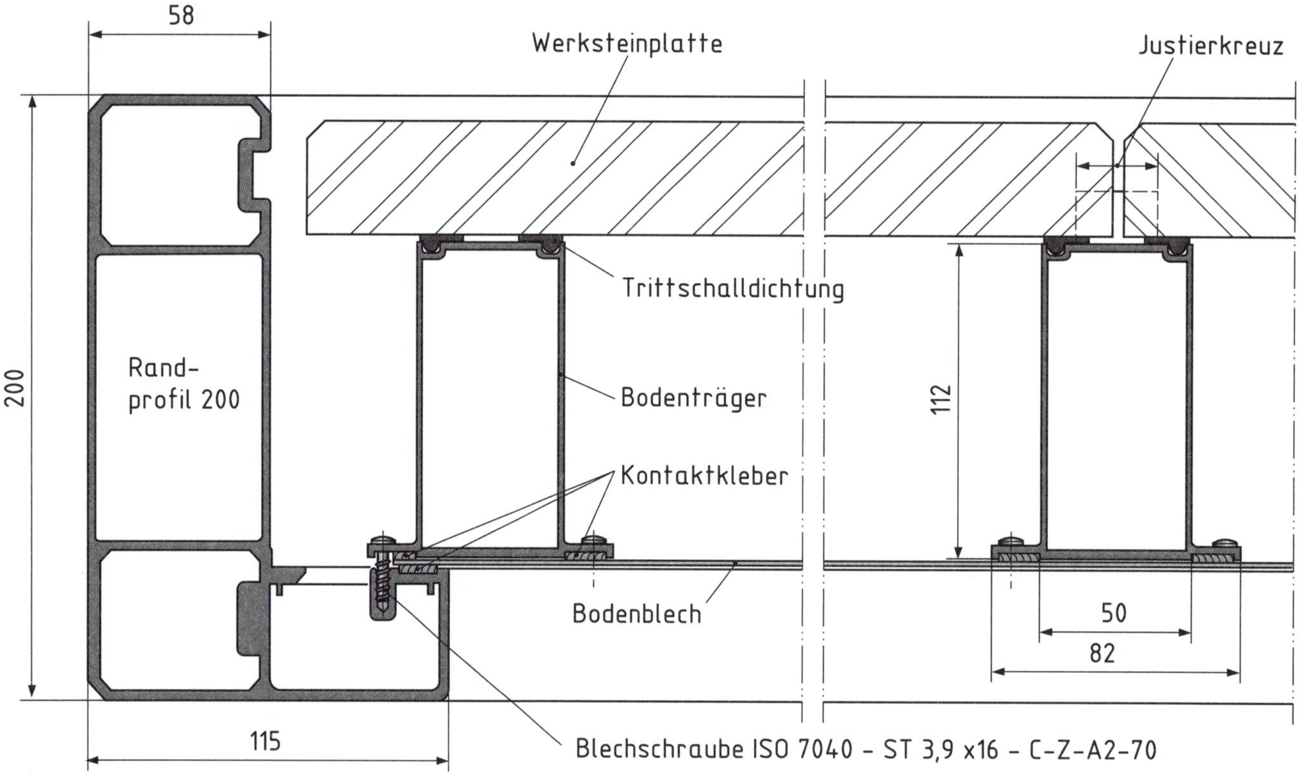

Montagehinweise

Vor dem Einlegen des Bodenbleches sind alle Kontaktstellen sorgfältig vorzubehandeln: die Oberflächen mit dem Schleifvlies leicht anrauen und den entstandenen Staub entfernen. Zum Auftragen des Haftreinigers saugfähiges Papier oder einen fusselfreien Lappen benutzen (Ablüftzeit mind. 10 min).

Um ein spannungsfreies Verkleben von Bodenblech und Bodenträgern zu gewährleisten, ist das Bodenblech in den Achsen der Bodenträger durch druckfeste Leisten (Querschnitt 36 x 100 mm) zu unterstützen.

Die Verklebung erfolgt mit einem Konstruktionskleber, der in Form einer gleichmäßigen Raupe auf das Randprofil und die Bodenträger aufgetragen wird.

Zusätzlich sollte nach Anheben der Al-Bodenplatte unterseitig eine Kehlnaht zwischen Randprofil und Bodenblech geklebt werden.

Zur ausreichenden Aushärtung des Konstruktionsklebers ist eine Lagerung des verklebten Bleches für 48 Stunden bei mind. 10 °C erforderlich.

Das Bodenblech ist an allen 4 Ecken zur Diagonalversteifung mit dem Randprofil mit Blechschrauben ISO 7049 - ST 5,5 x 16 zu verschrauben.

Name	Klasse	Datum

Montageplan Einkleben Bodenblech und Bodenträger

Lfd. Nr.	Arbeitsvorgang	Arbeitsmittel	Bemerkung
1	Zuschneiden des Bodenbleches auf Maß 3170 x 1560	Tafelschere	
2			
3			
4			
5			
6			
7			
8			
9			
10			

Name Klasse Datum

7. Um die Bodenträger in richtigen Abständen auf das Bodenblech kleben und am Rahmenprofil festschrauben zu können, ist die jeweilige Lage zu markieren. Die Bodenträger sollen parallel zur kürzeren Seite des Balkons angebracht werden.

   a) Berechnen Sie die Länge der Bodenträger.

   Außenmaß Balkon 1750 mm
   Schenkelbreite Randprofil 58 mm
   Spiel auf beiden Seiten 2 mm

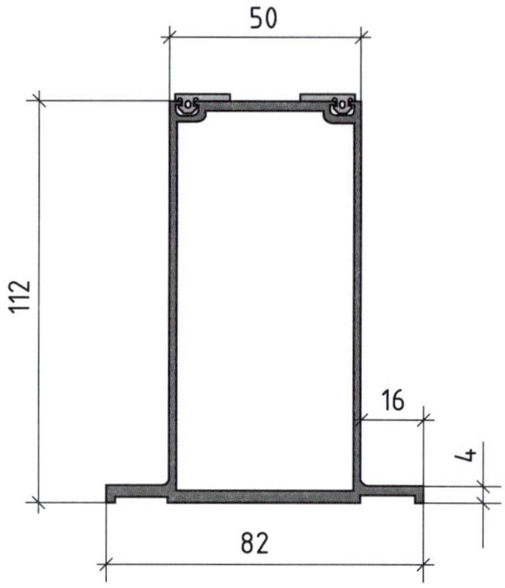

   b) Die Abstände der Bodenträger zueinander sind auf dem Bodenblech zu markieren.

   Es werden 32 Werksteinplatte 400 mm x 40 mm aufgelegt.
   Der Abstand vom Randprofil beträgt auf beiden Seiten 10 mm, die Abstände der Platten untereinander je 2 ... 3 mm.

   Ermitteln Sie die jeweiligen Maße und beschreiben Sie Ihr Vorgehen. Diskutieren Sie das Ergebnis in der Klasse.

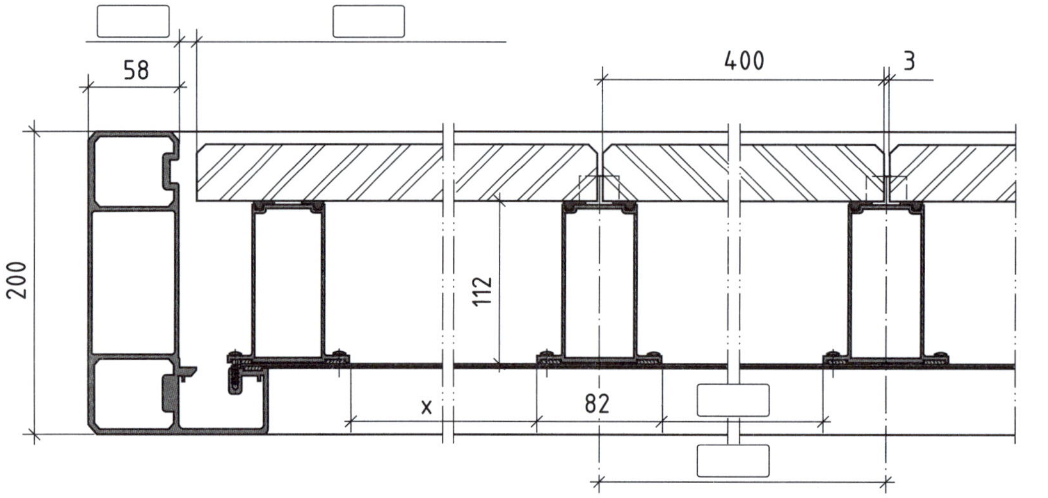

Name Klasse Datum

8. Nachdem die Befestigungsplatten montiert sind, müssen Sie die Bodenplatte noch einmal überprüfen. Nennen Sie wesentliche Prüfkriterien.

9. Die Bodenplatte und die Bauteile für die Zugverbindung müssen zur Baustelle transportiert werden. Geben Sie an, welche Geräte und Hilfsmittel Sie für das Beladen auf einen LKW benötigen.

10. Was müssen Sie beim Beladen des LKW beachten?

11. Sie heben die Bodenplatte mit einem mobilen Kran auf Montagehöhe an das Gebäude. Bevor Sie die Bodenplatte fest an der Wand verschrauben, muss der Balkon ausgerichtet werden. Begründen Sie die Maßnahme und beschreiben Sie, wie der Balkon ausgerichtet wird.

Name	Klasse	Datum

12. Erstellen Sie einen Plan für das Anbringen der Bodenplatte an das Gebäude.

Lfd. Nr.	Arbeitsvorgang	Arbeitsmittel	Bemerkung
1	Bodenplatte auf Montagehöhe heben	mobiler Kran, Hebebänder	
2			
3			
4			
5			
6			
7			

13. Beschreiben Sie das Auflegen der Beton-Werksteinplatten.

Name	Klasse	Datum